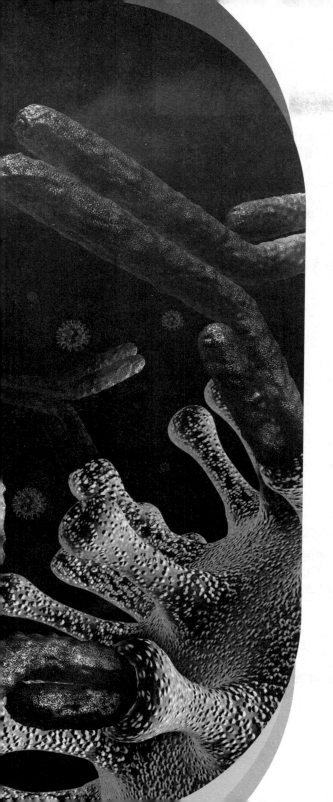

全新知识大揭秘

微观世界

鲍新华◎编写

吉林出版集团股份有限公司
全国百佳图书出版单位

图书在版编目（CIP）数据

微观世界 / 鲍新华编. —— 长春：吉林出版集团
股份有限公司, 2019.11（2023.7重印）
（全新知识大揭秘）
ISBN 978-7-5581-6287-9

Ⅰ.①微… Ⅱ.①鲍… Ⅲ.①微观系统－少儿读物
Ⅳ.①Q1-49

中国版本图书馆CIP数据核字（2019）第003239号

微观世界

WEIGUAN SHIJIE

编　　写	鲍新华	
策　　划	曹　恒	
责任编辑	蔡大东　林　丽	
封面设计	吕宜昌	
开　　本	710mm×1000mm　1/16	
字　　数	100千	
印　　张	10	
版　　次	2019年12月第1版	
印　　次	2023年7月第2次印刷	

出　　版	吉林出版集团股份有限公司	
发　　行	吉林出版集团股份有限公司	
地　　址	吉林省长春市福祉大路5788号	
	邮编：130000	
电　　话	0431-81629968	
邮　　箱	11915286@qq.com	
印　　刷	三河市金兆印刷装订有限公司	

书　　号	ISBN 978-7-5581-6287-9	
定　　价	45.80元	

20 世纪 50 年代以来，随着物理、化学、数学等基础学科的理论、方法与生物学的结合，一门面貌全新、光彩夺目的生物学展现在人们的眼前。生物遗传物质脱氧核糖核酸（DNA）双螺旋结构模型的建立，就是一个典型的例子。它揭示了生物体的代谢、生长、发育、遗传和进化等生命活动的内在联系，标志着生物学进入了一个崭新的时代。

生物技术或生物工程的诞生，以 20 世纪 70 年代 DNA 重组技术的建立为标志。中国国家科学技术委员会制定的《中国生物技术纲要》中，将生物技术定义为："以现代生命科学为基础，结合先进的工程技术手段和其他基础学科的科学原理，按照预先的设计改造生物体或加工生物原料，为人类生产出所需产品或达到某种目的的新技术。"

先进的工程技术是指基因工程、细胞工程、酶工程、发酵工程和蛋白质工程等技术。在应用中，这些技术往往是交融的。改造生物体是指获得优良品质的动物、植物或微生物品系；生物原料则指生物体的某一部分或生物生长过程中所能利用的物质，如淀粉、纤维素等有机物，也包括一些无机物。生物原料也包括微观上的动植物细胞或酶等；为人类生产出所需物质，包括粮食、医药、食品、化工原料、能源、金属等各种产品；达到某种目的，包括疾病的预防、

诊断与治疗，环境的检测与污染治理等。

20 世纪中期以前的生物技术都是传统生物技术，它是以农业上的耕作、牲畜的饲养、药用植物的采集加工、工业作坊的酿造技术为主。即使是 20 世纪中期发展起来的各种抗生素制取，有机酸、氨基酸生产，饲料酵母培养等技术，都是传统生物物种的纯化、选育和培养生产，并不涉及细胞核物质的工程改造和生产利用。

《微观世界》翔实地介绍了以上这些内容。在给出结论的同时，还附加了许多和生活息息相关的事例，接下来我们就开始这一场奇妙的微观世界之旅吧！

MULU 目录

第一章　细胞工程应用

目录 MULU

MULU 目录

第四章　基因工程应用

目 录 MULU

第五章　生物工程安全与社会伦理

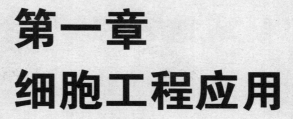

第一章
细胞工程应用

  细胞工程是细胞水平上的工程技术，它以细胞为基本单位，在离体条件下进行培养、繁殖或人为地使细胞某些生物学特性按照人们的意愿发生改变，从而改良生物品种和创造新品种，或加速繁育动植物个体获得有用物质。细胞工程作为一种高新技术，其涉及面广，有多个技术突破口，具有广阔的应用前景，目前已经有不少产品投放市场。第三代生物技术的许多产品源于细胞工程，创造出了巨大的经济效益。

动物细胞融合

把两个动物细胞放在一起，给予适当的环境条件，两种细胞融合在一起形成杂交细胞，这一过程被称为动物细胞融合。应用动物细胞融合的方法可以实现远亲动物间的杂交，对于改良动物品种具有十分重要的意义。

在动物细胞融合过程中，先是来自两个细胞的细胞质聚集在一起，而细胞核仍保持彼此独立，这种特定阶段的细胞结构称为合胞体。其中含有两个或多个相同细胞核的叫同型合胞体，而含有两个或多个不同细胞核的称异核体。在异核体中，来自两个不同细胞的成分如细胞器、质膜等彼此混合存在，这就为研究这些成分之间的相互作用提供了条件。在继续培养和发生有丝分裂的过程中，少数异核体中来自不同细胞核的染色体便可合并到一个细胞核内，从而产生杂种细胞，再应用克隆的方法，便可以从杂种细胞得到杂种细胞系。

动物细胞较植物细胞融合要容易些。植物细胞外面有细胞壁，因此需要先用纤维素酶去壁，形成原生质体后才能进行细胞融合。后形成的杂种细胞，经过培养有可能分化发育成植株，而动物细胞的杂种细胞则缺乏此种能力。

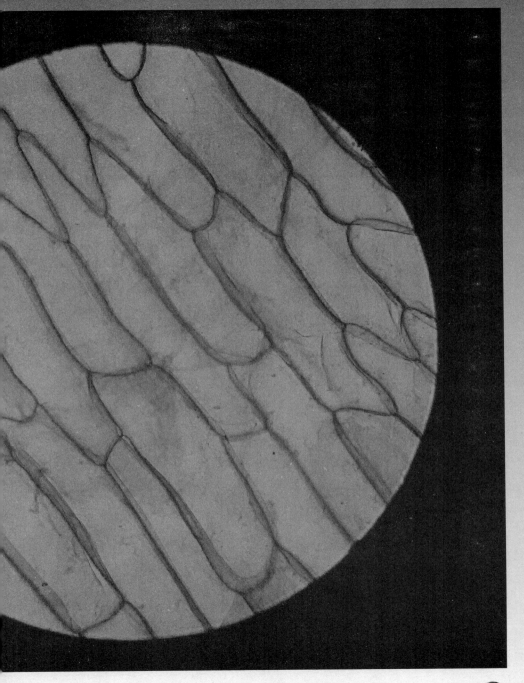

杂交瘤技术与单克隆抗体

人和动物都有免疫系统，要是有外来的病菌入侵，身体里就会产生抗体，把病菌消灭掉，从而保障身体的健康。在动物体内 B 淋巴细胞是负责体液免疫的，能够分泌出特异性免疫球蛋白，即抗体。一般动物体内有上百万个 B 淋巴细胞，每一个 B 淋巴细胞都只能分泌出一种特异性的抗体蛋白质。在动物细胞发生免疫反应过程中，B 淋巴细胞群体可产生多达上百万种的特异性抗体。

过去人们从血清中提取抗体，就是由好多淋巴细胞产生的，是多种抗体的混合物，叫作多克隆抗体。多克隆抗体在应用上存在着特异性不高、重复性差、不容易大量生产等缺点。那么能否产生大

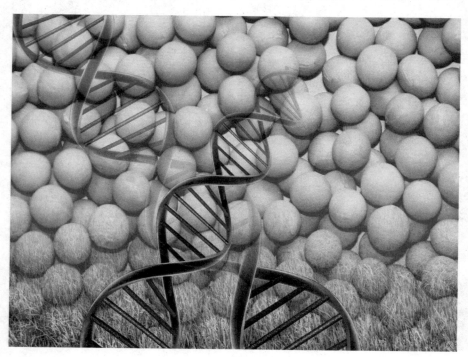

量的特异性强的单一抗体呢？显而易见，如果要想获得大量的单一抗体，就必须从一个 B 淋巴细胞出发，使之大量繁殖成无性系细胞群体。

1975 年著名免疫学家米尔斯坦和勒尔创建了一种技术，他们成功地利用细胞融合技术把分泌单一抗体的一种 B 淋巴细胞与可以无限增殖的骨髓瘤细胞融合在一起，形成了一个杂交瘤细胞，并实现了克隆。这种杂交瘤细胞承袭了两种亲代细胞的遗传特性，既保存了骨髓瘤细胞在体外迅速繁殖传代的能力，又继承了 B 淋巴细胞合成与分泌抗体的能力。由杂交瘤细胞单一克隆产生的抗体，就是单克隆抗体。利用细胞培养技术，可以连续大规模生产这种抗体。这项技术被称为杂交瘤技术。杂交瘤技术成功地解决了从一个淋巴细胞制备大量单克隆抗体的技术难题。米尔斯坦和勒尔也因此获得了 1984 年度诺贝尔奖。由于单克隆抗体具有专一性强、质地均匀、反应灵敏、可大规模生产等特点，在理论研究和实验应用等方面都有十分重要的意义，尤其是给医药业带来了革命性的、巨大的变化。

医学上，人们形象地把单克隆抗体称为"生物导弹"。因为它能像导弹那样准确地击中目标，而且它是用生物工程方法制造的（其本身当然是生物物质），所带杀伤物是一些生物物质，主要命中的目标也是生物物质。利用此特性制成生物导弹来运送药物至癌细胞等病变部位，可做到"弹到病除"。

单克隆抗体技术的发明是免疫学中的一次革命，打破了过去只能在身体内产生抗体的局限，成功地在体外用细胞培养的方法产生抗体，同时繁殖很快。

超数排卵技术

超数排卵技术是用激素诱发雌性动物排出超常量卵子的一项技术。我们知道，雌性动物的卵巢里有大量的原始卵泡，其数量可达数万，但这些原始卵泡往往在卵子发育的不同阶段逐渐退化掉，达到卵子成熟并排出的数量是非常少的。

以母牛为例。一头母牛的卵巢里大约含有 5 万个原始卵泡。母牛一个发情周期内，卵巢里可有几个卵泡同时发育，但最后只有一个卵泡发育成熟，排出一个卵子，偶尔有两个卵子发育成熟，其余的都闭锁而退化。也就是说，在自然情况下一头母牛一次只能生一头小牛。这说明母牛卵巢中的卵泡并没有发挥作用。那么，能否让母牛多排卵呢？科学家经过多年的观测和研究发现，如果在母牛发情周期的适当时间（母牛发情期的第 9 ～ 14 天）给母牛注射促性腺激素制剂，可诱发母牛的卵泡生长发育，减少卵泡的闭锁，从而增加排卵数，出现超数排卵现象。有时可使只能产生一个成熟卵细胞的卵巢一次排出十来个卵，甚至更多，并且这些经过激素处理而发育的卵子，大多数是可以受精并发育成胚胎的。为了培育优良品种，首先选择良种母牛使之多排卵，同时选择优良的公牛，取其精液进行人工授精，这样可能形成很多胚胎，再采用胚胎移植技术，将胚胎移植到其他受体内，

就可能生下许多优良品种的小牛。

　　超数排卵可诱导大量卵泡成熟排卵，增加可移植胚胎的数量，在家畜胚胎移植中起着至关重要的作用。目前，超数排卵技术中个体反应差异较大仍然是该技术进一步推广中应该注意研究解决的问题。造成超数排卵反应差异的因素主要有动物因素和药物因素。动物因素主要包括供体的个体和遗传的差异、生理和营养状态、所处的排卵日期、季节及其他影响动物的环境因素。药物因素包括给药途径、剂量和频率等。

胚胎移植技术

将雌性动物（称供体）交配或配种后形成的早期胚胎，从其输卵管或子宫中取出，移植到另一处于相同生理状态的雌性动物（称受体）的相应部位内，使之发育成新个体的繁殖新技术就是胚胎移植技术。胚胎移植的研究始于100多年前，1890年英国科学家希普首先在家兔身上获得了成功。20世纪30至40年代，科学家又在大家畜，如羊、牛身上进行了大量试验。1951年，在美国诞生了第一次通过胚胎移植获得的牛犊。此后，由于技术的不断成熟，加上其诱人的经济价值，刺激了胚胎移植技术大踏步迈出实验室，进入畜牧业领域，山羊、绵羊、猪和牛的胚胎移植相继获得成功。

1983年，在英国剑桥大学学习的一位中国学生，成功地移植了4个经试管授精的猪胚胎，获得了4头小猪，从而在世界上首次完成了难度很大的猪胚胎移植。羊、猪、马等动物的胚胎移植技术获得成功后也已应用于生产实践中。近些年来，一些科学家致力于研究一些珍稀野生动物的人工加速繁殖，并取得了一些成绩。

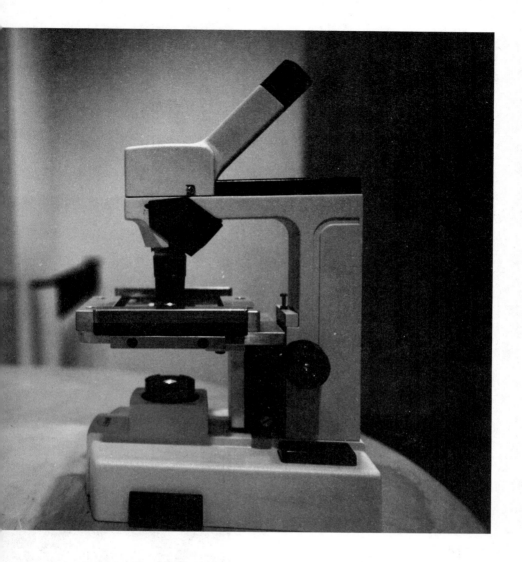

　　对遗传病的传统治疗，常用的都是通过绒毛或羊水对胚胎或胎儿进行诊断，之后对异常胚胎或胎儿进行选择性流产，这种方法既落后又容易给孕妇带来痛苦。被称为第三代"试管婴儿"的胚胎移植技术，则是在胚胎移植前先进行遗传学诊断和胚胎筛选，然后将健康的胚胎再进行移植，从而避免了遗传病的发生。

细胞核移植技术

将一个供体细胞显微注射到已去掉遗传物质的卵子里，用电脉冲刺激或仙台病毒处理，使细胞和卵子融合，形成一个新的胚胎（重构胚胎）。再把经过培养进一步发育的重构胚胎移植到寄生母体内，最终获得细胞核移植动物。该动物的性状与提供供体细胞的动物性状基本相似。这种技术被称为细胞核移植。

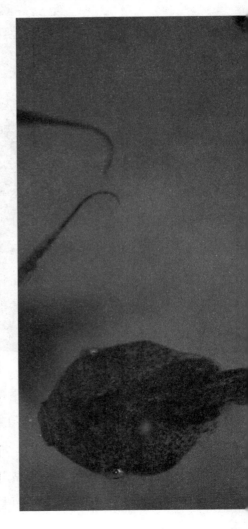

细胞核移植的研究始于 20 世纪 50 年代，1953 年两位英国科学家用青蛙的胚胎细胞作为供体细胞，送入去掉细胞核的蛙卵里，结果这个移核卵长成了蝌蚪。20 世纪 60 年代中国生物学家童第周和他的学生们对鱼类细胞核移植进行研究，他们把一种鱼的胚囊细胞核移植到另外一种鱼的卵子里，研究移核鱼的发育情况和性状表现。结果表明，不仅移核卵能顺利长成小鱼，而且得到的几种杂种鱼还表现出了明显的杂种优势。从那时起，鱼类细胞核移植技术成为培育具有优良性状的杂种鱼的有效手段。

最令人振奋的是，1996年英国科学家维尔穆特等用6岁母羊的体细胞作为供体，进行核移植，成功地获得1只绵羊，取名为"多莉"。多莉的诞生，宣告了体细胞核的遗传全能性，表明已经分化了的体细胞在卵细胞质因子的作用下，可恢复到受精卵核的状态，重新按正常胚胎核的程序发育。哺乳动物体细胞核移植的成功，是生物工程领域的一项具有划时代意义的突破性进展。

植物组织培养
与微繁殖技术

植物组织培养是在人工培养基上，离体培养植物的器官组织或细胞和原生质体并使其生长、增殖、分化以及再生植株的技术。

1901年美国科学家摩尔根第一次提出了生物细胞独立发育的全能性。胡萝卜细胞在含椰子乳的液体培养基中长成胚状体和小植株的实验，首次证明了植物细胞的全能性。

植物组织培养的基本过程包括以下几个步骤：从健康植株的特定部位或组织选择用于组织培养的材料；用一定的化学药剂如次氯酸钠等对培养物表面消毒，建立无菌培养体系；形成愈伤组织和器官，培养物在培养基上形成疏松的愈伤组织，由愈伤组织分化出芽，并可诱导形成带根的小植株。

植物微繁殖（快速繁殖）技术是组织培养在生产上应用最广泛、最成功的一个领域。其主要特点是繁殖速度快，通常一年内可以繁殖数以万计的种苗，对于名贵品种、稀优种质、优良单株或新育成品种的繁殖推广具有重要的意义。这种技术具有以下几个显著的特点：只有少量的植物材料就能在试管中建立起可反复增殖的系统，可节省母株甚至于不损坏母株；由于繁殖系数高和在试管中增殖的胚状体、芽和植株的小型化，可大大节省时间和空间，有利于进行高度集约化的工厂化生产，并且不受季节、气候、自然灾害等因素的影响；微繁殖过程是在无菌条件下的容器中完成，不受病虫害的侵染，结合使用去病毒技术可大量繁殖无病原体的植物；微繁殖产生的试管苗可远距离的运输，在国内外交流中极为安全和方便。

目前，国际上已投入无菌苗生产的植物有兰花、菊花、百合、马铃薯、草莓、甘蔗、大蒜等。欧洲的几个水果生产国也已普遍采用了快速繁殖的无病毒树苗，不仅提高了产量，也提高了果实品质，延长了结果年龄。

花药培养

花药培养是指在人工配制的培养基上，离体培养植物花药，诱导其中的花粉进行细胞分裂，形成愈伤组织或胚状体，最后发育成为植株的方法。花药是植物上的器官，因此花药培养应属器官培养。而花粉是细胞，花粉培养属于细胞培养。但由于花药培养的分化植株起源于花药中未成熟的花粉，因此花药培养有时也称为花粉培养，植物的生殖器官有雄蕊和雌蕊，雄蕊里有花丝和花药，花药里有花粉母细胞。花粉母细胞是二倍体，通过减数分裂，形成4个单倍体细胞组成的四分体，四分体可以释放出单核的单倍体细胞，叫作小孢子。小孢子第一次有丝分裂后，形成一个大细胞和一个小细胞，大细胞是营养细胞，小细胞是雄配子。雄配子再分裂一次形成两个雄配子，即花粉。由于花粉是小孢子母细胞经减数分裂后形成的，是单倍体，由它发育成的植株也是单倍体。单倍体植物的主要特征是其细胞中的染色体数只有正常二倍体植物的一半，每一同源染色体只有一个成员，因而每一等位基因也只有一个成员，不会有显性性状掩盖隐性性状，所以其"表现型"可以直接反映其"基因型"。利用这一特点，在杂交育种中可以提高选择效率，避免误选和漏选。对单倍体植物进行染色体加倍后可获得同质结合的"纯合系"，使得到的杂种后代不再分离，从而可缩短育种年限，加快育种速度。

目前，应用这项技术已经获得了数百种植物的单倍体植株。主要农作物（棉花除外）的花药培养都已获得成功。水稻、小麦、玉米、烟草等作物都已利用花药培养技术育成了新品种。将单倍体用作诱变育种材料或用作基因转移的受体，同样也收到了提高选择效率和加快获得纯合系速度的效果。中国首先把花药培养技术用于改良水稻品种。目前用花药培养已培育出小麦、粳稻、籼稻、烟草、玉米、杨树、三叶橡胶树等多种经济作物。

人工种子

植物种子是由种皮、胚乳、胚三部分组成的。种皮由内种皮和外种皮构成，它坚固、干燥，能保护种子免受外界伤害。胚乳含有蛋白质、脂肪、淀粉和酶及各种植物营养物质，是种苗萌发生长不可缺少的营养来源。胚由胚芽、胚轴、胚根和子叶构成，将来发育成植株。人工种子是将种子的胚（体细胞胚）密封在球形的人工容器中，这种人工容器分内外两层，内层相当于种子的胚乳，可储藏发芽时所需的各种养分和激素，外层由特殊的高分子化合物构成，用于种子的保护。人工种子的制作过程就是将植物的一部分（根、茎、叶）切成碎片，每一碎片在特定的条件下可被诱发成有发芽能力的胚状体，然后将胚状体包上人工种皮，并加上一层高分子化合物的保护层，这样就制成了人工种子。人工种子是一种人

工制造的代替天然种子的颗粒体，可以直接播种于田间。

　　人工种子的研制成功可以弥补试管苗的不足。试管是无菌、营养丰富、条件适宜的人造环境。当把小苗从试管中移植到土地中，小苗常因不适应自然环境而死亡。而人工种子则可在制作的过程中，加进某些特殊成分，比如加入杀虫剂、除草剂、固氮菌、肥料等。这样人们在种植时不需加基肥也可使日后长出的苗又壮实又不怕病虫害的侵袭。此外，由于用于制作人工种子的体细胞胚可利用生物反应器大规模培养，因此人工种子可以在室内进行工业化生产。这样不仅可以节省大量种用粮食，节约土地，而且不受自然条件的制约。人工种子培养条件可以人为控制，不受季节限制，免遭大自然的灾害性气候的不利影响。人工种子通过组织培养的方法可以获得数量很大的胚状体，而且繁殖速度快，结构完整。可根据不同植物对生长的要求配置不同成分的"种皮"。

植物细胞大量培养技术

把植物一小块组织（叶片、茎尖或幼芽等）置于适当的培养基上，在一定的温度、湿度下，它可以分化形成一个完整植株，这一过程称植物组织培养。植物细胞大量培养技术是在植物组织培养快速繁殖基础上发展起来的。其具体做法是把植物细胞从试管或三角瓶内转移到微生物发酵的大型发酵罐里，给予适当的条件进行培养，使植物细胞像微生物一样在发酵罐里大量繁殖，然后从大规模繁殖的植物细胞内直接提取有用的物质。

进行植物细胞大量培养的过程是：第一步要建立细胞株。一般要选择次生代谢物含量高的植物种类、品种或它们的高产植株。利用外植体诱导出愈伤组织并建立实验阶段悬浮细胞培养，从中筛选出高产优质的无性繁殖系，再确定其最佳生长条件和产量条件。第二步是扩大培养。将上述选出的细胞株扩大培养，获得一定量的细胞，作为接种用的"种子"。第三步是进行大罐培养。现已建立了针对植物细胞的"二步培养法"，即使用生长培养基使细胞大量增殖，达到一定量，然后再调节培养基的组成，诱导细胞启动代谢途径并提高次生物的产量。

使用植物细胞大量培养技术在工厂里生产有用物质，不仅可节省土地、人力、肥料、农药等，而且也不受地理环境、气候变化、自然灾害等的影响。并且由于是在工厂里进行操作，所以生产的速度要比田间栽培快得多。

目前，全世界用植物细胞大量培养成功的植物种类已有 100 多种。应用植物细胞大量培养技术从植物细胞中直接分离的物质比栽培植物更具有绿色生态性，因为它不含化学合成的毒素物质，也没有栽培植物的病虫害及各种公害的污染，所以是无菌、无毒的真正的天然物质。鉴于有些产物的唯一来源只能是植物，而许多有价值的植物只能生长在某一特定的地理区域，且受到很多自然条件的限制和影响，尤其是有些植物从种植到收获要花几年时间，很难满足需要。采用大规模植物细胞培养技术就可以直接生产这些物质。如可作为药物和染料的紫草宁就是典型的通过大规模植物细胞培养生产的产品，通过大规模培养紫草细胞，短时间内就可以大量生产紫草宁。

植物原生质体培养技术

植物细胞壁在植物的生活和生存中起着十分重要的作用，但是也给研究工作带来不少障碍和困难。因此很早以来，人们就想除去细胞壁，获得无壁的原生质体。这一愿望终于在 20 世纪 60 年代末和 70 年代初得到了实现。现今，可以采用纤维素酶和果胶酶的混合液，在较高渗透压的条件下处理根尖、叶片组织，使细胞壁被酶所消化，从而可获得大量的无细胞壁的原生质体。虽然没有了细胞壁，但原生质体仍然保持着植物细胞的全能性，而且仍能进行细胞的各种生命活动，包括蛋白质的合成和核酸的合成、光合作用、呼吸作用、通过膜和外界进

行物质交换等。用纤维素酶和果胶酶等处理叶肉或其他组织的细胞，使细胞壁降解消化，可分离出原生质体，然后对其进行离体培养，诱导新细胞壁产生和细胞分裂，形成愈伤组织或胚状体，最后生成完整植株，这一过程称为原生质体培养。

植物原生质体培养一般可分为原生质体的获得和原生质体的培养及分化成苗两个阶段。用作制备原生质体的材料原则上可以是植物任何部位的外植体，但人们往往对活跃生长的器官和组织更感兴趣，因为由此制得的原生质体一般生活力更强，再生与分生比例也较高。常用的外植体包括：种子根、子叶、胚细胞、花粉母细胞、悬浮培养细胞和嫩叶。这些外植体在制备前要进行洗涤、消毒处理。将制备原生质体的材料在特殊配制的酶反应液中消化数小时，放在显微镜下看到细胞形状变成圆形的原生质体球时，便可终止酶解作用。用过滤离心洗涤法去除酶液，即可获得纯化的原生质体。原生质体的培养方法有多种。最常用的有固体培养法、液体浅层静止法和饲养法等。为适应不同植物原生质体培养的需要，已发展出各种类型的培养基，其成分十分复杂。原生质体在适宜的培养条件下，一般经过 12～24 小时即可再生出细胞壁。长壁后变成椭圆形，2～4 天开始分裂形成小细胞团，当长到约 1 毫米时转到固定培养基上增殖，并诱导其分化出芽和根的小植株。目前有一种好的体系可把烟草的原生质体经 60 天的培养就可获得大量植株。

植物原生质体的培养研究至今已有 40 多年的历史。自从 1971 年中田寿男等首次由烟草叶肉细胞分离、培养原生质体并再生出完整植株以来，已有 100 多种植物的原生质体经离体培养再生了植株，如胡萝卜、烟草、矮牵牛、拟南芥、油菜、玉米、水稻、豌豆、甘蔗、柑橘及猕猴桃等。

植物原生质体融合技术

植物原生质体融合技术是借鉴动物细胞融合的研究成果，在原生质体分离培养的基础上发展起来的。其实质是将两种不同来源的原生质体在人为的条件下进行诱导融合，由于植物细胞的全能性，因此融合之后的杂种细胞可以再生出具有双亲性状的杂种植株。植物原生质体融合包括诱导融合、选择融合体或杂种细胞和杂种植株的再生和鉴定三个主要环节。

自 1960 年取得制备植物原生质体的重大突破以来，在科学家不懈地努力下，已在种内、种间、属间细胞融合后得到了数百例再生植株。它是植物同源、异源多倍体获得的途径之一，它不仅能克服远源杂交有性不亲和障碍，也可克服传统的通过有性杂交诱导多倍体植株的困难，最终可将野生种的远源基因导入栽培种中。植物原生质体融合技术对植物育种和作物品种改良，提高产品的产量和质量有着十分美好的应用前景。原生质体融合技术可望成为作物改良的有力工具之一。

目前，农作物原生质融合技术已经创造出许多前所未有的品种。如甘薯存在的种间、种内交配不亲和性，是甘薯育种中比较难克服的障碍。近年，通过原生质体培养和体细胞融合技术，已经获得多个甘薯再生体细胞植株，较好地解决了甘薯育种改良问题。

胚胎干细胞的应用

胚胎干细胞是指一种存在于早期胚胎当中高度未分化的细胞，具有发育的全能性，具有分化为胎儿或成体动物各种类型细胞的潜能，如生殖细胞。胚胎干细胞可以像普通细胞那样在体外进行培养传代、遗传操作和冻存。它也可以在体外或体外无限地扩增并保持着未分化的状态。在条件适当的情况下，胚胎干细胞可被诱导分化为200多种构成人体中任何一种组织器官的组成细胞，如神经、心脏、

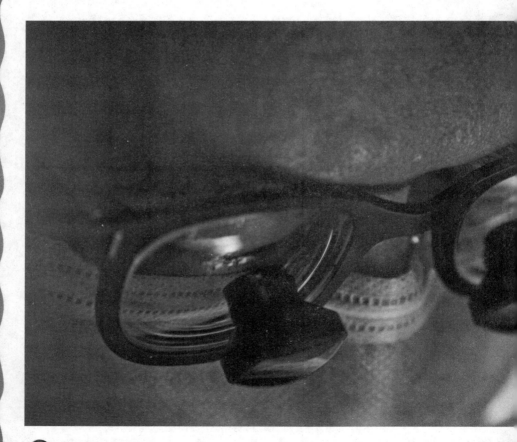

肾脏、肝脏、皮肤等。

胚胎干细胞的研究工作始于20世纪80年代，当时是从小鼠的胚胎组织中分离并得到了胚胎干细胞。到目前为止，学者已从多种动物及人的胚胎组织和原生殖细胞中分离获得胚胎干细胞，这些动物主要有鼠、猪、羊、牛、鸡、鱼和猴等。直到1998年，学者才成功地分离并体外培养出人的胚胎干细胞。但在随后的不长时间里，各国的学者对胚胎干细胞的研究取得了极大的进展，如以色列的学者成功地将人胚胎干细胞转化为能制造胰岛素的细胞；美国学者成功地让胚胎干细胞分化成人类骨髓里的造血先驱细胞，并进一步分化成白细胞、红细胞及血小板等血液细胞。此外，还有一些学者通过胚胎干细胞培养出了肝脏细胞、心肌细胞、淋巴细胞及神经细胞。

虽然胚胎干细胞研究具有广阔的前景，但由于胚胎干细胞伦理道德方面的问题，目前胚胎干细胞的研究一直在争议中前行。支持者认为胚胎干细胞研究有助于治疗阿尔茨海默病、帕金森症、肝硬化等许多疑难杂症，是一种挽救生命的慈善行为，是科学进步的表现。而反对者认为，进行胚胎干细胞研究就必须破坏胚胎，而胚胎是人尚未成形时在子宫的生命形式。因此，如果支持进行胚胎干细胞研究就等于怂恿他人"扼杀生命"，是不道德的，违反伦理的。

皮肤干细胞的应用

皮肤干细胞是一类存在于表皮基底层、毛囊侧部隆突处的具有高度分化和自我更新的细胞。在表皮基底层分离出来的叫表皮干细胞；在表皮之下的毛囊侧部隆突处分离出来的叫毛囊干细胞。

在一般情况下，每个表皮干细胞可通过不对称分裂，而产生一个干细胞和一个短暂扩增细胞（短暂扩增细胞具有增加终末分化细胞数量和定向分化为角质细胞、毛发和皮脂腺的功能），它们存在于表皮基底层内，伴随着表皮干细胞的终末分化，最终形成棘层和角质层细胞。此外，为适应机体的需要，表皮干细胞还可以进行对称分裂，即一次分裂产生两个干细胞和两个短暂扩增细胞。例如，表皮组织受到损伤时，表皮干细胞就会采取对称分裂方式，以增加干细胞及分化细胞的数量。

研究发现，表皮干细胞除具有慢周期性（在体内表现为标记保留细胞）及高度的增殖潜能（在离体培养时表现为呈克隆样生长）的两大显著特征外，还发现表皮干细胞对基底膜具有一定的黏附性，表皮干细胞的数量仅为基底细胞4%，在表皮组织中所占比例不足10%。皮肤干细胞的分化除受基板的调控外，还受 β–连环蛋白（毛囊发育必不可少的物质）、整合素（介导干细胞与细胞外基质黏附物质）、周围组织及细胞外基质的影响。

由于皮肤干细胞所具有的特性，也就成了基因治疗的首选靶细胞。近年来，随着表皮干细胞的成功分离及纯化，已将其用于皮肤遗传性疾病及皮肤肿瘤的治疗研究当中。已有学者报道，将外源基因经过逆转录病毒导入表皮干细胞并植入到人体内，机体可长期地维持传导基因的表达，以达到治疗某些皮肤病的目的。例如，鱼鳞病、表皮松解症等。

　　当皮肤受到外伤、疾病等损伤时，位于皮肤表皮基底层和毛囊隆突的皮肤干细胞就会在内外源因素的调控下，及时增殖分化生成相关细胞，以修复机体受损表皮、毛囊等结构。在大面积烧伤、广泛瘢痕切除、外伤性皮肤缺损以及皮肤溃疡等导致的严重皮肤缺损，仅靠创面自身难以实现皮肤的再生，需要足够的皮肤替代物进行修复。这时可以进行自体皮肤细胞的培养并应用于创面覆盖。培养的皮片在体外及移植于创面后均保持正常表皮的自我更新能力，即保留了干细胞自我更新与分化潜能的特性。

28

皮肤组织工程技术

皮肤组织工程是指运用组织工程学的原理和方法，把体外培养出来的高浓度的表皮和真皮细胞扩增后，吸附到一种生物相溶性良好，而且可被人体逐渐吸收的细胞外基质上，以达到对其进行构建和移植的一项技术，目的是达到对皮肤创伤的修复和重建。

众所周知，我们生存的地球上，每年有成千上万的人因烧伤或溃疡等原因造成皮肤疾患，需要进行皮肤移植以使其伤口愈合。面对如此巨大的市场，皮肤的短缺是可以想象的。为此，开展研究具有生物活性的人工替代产品，用来恢复和维持皮肤组织的功能，也就成了这个领域的一项新的措施，皮肤组织工程正是这一领域中的一项新技术。

经过大量的实验和临床研究发现，皮肤组织工程技术与传统的治疗方法相比具有许多的优点，如在烧伤治疗中可减少对供体组织的需求，在大面积创伤治疗中可实现伤口快速覆盖，并可减少伤口结疤和收缩的现象。

干细胞与组织工程

每天，成千上万的各种年龄的人，因为某些重要的器官失去功能而住进医院，由于缺乏可以移植的器官，其中许多人将会面对死亡。长期以来，组织和器官的损伤或功能障碍不但威胁着人类的健康，也是造成人类死亡的主要原因。虽然，组织器官移植对其有较大程度的改善，但仍面临着许多难以解决的问题，如供体来源短缺、多次手术限制、免疫排斥反应、传播某种疾病及有限的修复作用等等。目前，临床上应用的自体组织移植、异体组织移植和人工合成组织代用品都具有上述的缺点。为此，从根本上解决组织和器官损伤及功能障碍，也就成了科学家探索的重大课题，干细胞与组织工程在这样的环境中应运而生。

干细胞和组织工程研究，已经成为21世纪生命科学研究的主要对象之一。众所周知，组织工程研究涉及较多的领域，如种子细胞、支架材料及组织构建等，其中种子细胞又是这项工程中的重中之重，而对干细胞的研究，则为解决组织工程中的种子细胞来源提供了可靠保证。

组织工程是利用细胞生物学、分子生物学及材料科学等相关学科领域中的最新技术（就像工厂生产零部件一样，根据病人病患的组织、器官的具体情况，运用构成组织、器官的基本单位——细胞及为细胞生存提供空间的支架材料），在体内外培育出人体所需的组织或器官，然后，在病人的病患部位安装上，使其发挥该组织或器官特有的生理功能。

组织工程提出、建立的时间虽然很短，但这项技术迅猛地发展起来了。目前,由组织工程培育的部分组织器官已进入体内实验阶段,如骨、软骨、肌腱、血管、皮肤、神经组织、角膜、膀胱及乳房等。尽管从相对简单的结构组织(如皮肤、骨和软骨)到组织工程梦寐以求的、完整的内部器官(如人工肝脏、胰腺、心脏等)的目标之路还很漫长,但我们有理由相信,不久的将来,干细胞组织工程领域会有更多成果展示在世人面前。未来利用组织工程"现货供应"完整器官的说法听起来将不再是天方夜谭。

组织工程产品涉及种子细胞的选择、细胞的基因改造、细胞扩增、支架材料、免疫支持、新陈代谢、血液供应、神经支配、功能调节、生长发育及老化等一系列问题。这些问题很难由一个学科、一个研究单位完成,需要细胞生物学、发育生物学、分子生物学、移植免疫学、生物材料学、生物化学和临床医学等的有机结合,共同攻关。

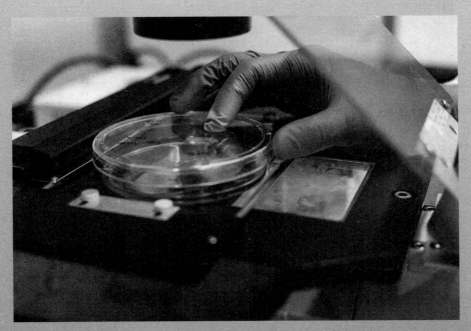

干细胞基因治疗

干细胞基因治疗就是将基因修饰的干细胞应用到临床医疗活动当中，为人类多种遗传病及获得性疾病的治疗带来新的希望。由于干细胞领域研究的进展，以及多种疾病相关基因的确定、新的载体开发等的研究，使干细胞和基因治疗两者结合应用于临床已成为可能，也为患有相关疾病的人带来了福音。

由于干细胞所具有特殊的分化潜能，使得经基因修饰的干细胞治疗与传统的基因治疗相比具有较为明显的优势。基因修饰后的干

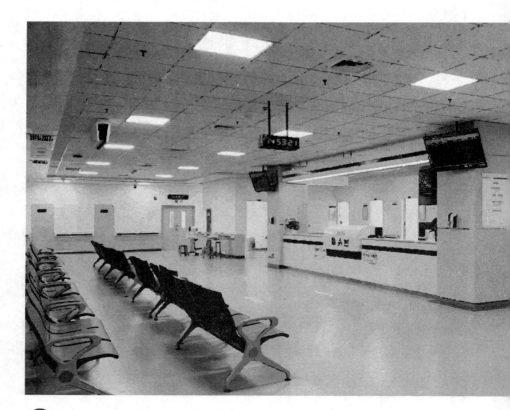

细胞治疗的靶标有以下三种：一是以干细胞为靶标，修饰干细胞的潜能，即干细胞的某些生物学性状，可因转入新的基因而发生变化。在成人组织中分离出来的干细胞，可能会因某些原因（机体的年龄、遗传性疾病等），而使其重建能力受到影响，但导入转录基因或相关的酶基因，可维持、增强或抑制其增殖分化的能力。二是以干细胞的子代细胞为靶标，改善器官的性能，即导入干细胞的基因可随其分化传给子代细胞，而使其在这一组织中持续表达一生。三是以过程为靶标，加快组织重建，即利用干细胞的增殖分化能力重建受损的组织。

干细胞基因治疗主要有造血干细胞基因治疗、间充质干细胞基因治疗、神经干细胞基因治疗、表皮干细胞基因治疗、内皮干细胞基因治疗和胚胎干细胞遗传修饰等几个方面的临床应用研究。其中造血干细胞的基因治疗已用于腺脱氨酶缺乏症、戈谢症、癌症及 HIV 感染等疾病；表皮干细胞基因治疗在大疱性表皮松解症和遗传性水疱病的治疗上，收到了较好的效果。

对于间充质干细胞，由于易于获得，外源基因易于植入并整合到该基因中，并能稳定表达而不受其他干细胞干扰，具有植入后不良反应较弱等特点，已成为基因治疗的良好靶细胞。目前已有将转入 IX 因子的间充质干细胞用于治疗血友病 B 和转入 I 型胶原的间充质干细胞治疗严重的骨形成缺陷的成功报道。

目前，干细胞的基因治疗还主要应用在慢性病和遗传性疾病上。虽然其前景乐观，但到目前为止，许多治疗功效并不如预期。

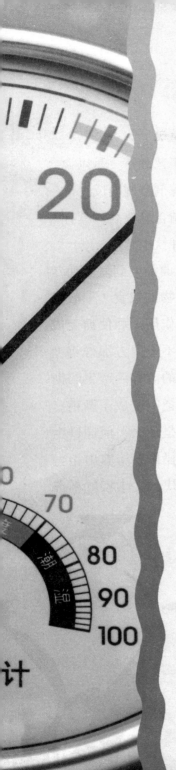

第二章
发酵工程应用

微生物无处不在，依托微生物某些特性发展起来的发酵工程也在人类生产、生活的许多方面得到广泛的应用。除了应用最早和最广泛的食品工业外，发酵工程还在农业、林业、牧业、环境保护等方面展示了良好的应用前景。

食品是人类赖以生存的最基本的生活资料之一，它不仅是人类生活的物质基础，也是人们从事各项工作、学习、活动以及体内生化反应所需要的能量的来源。发酵工程在丰富食品种类，增加和提高食品营养成分的含量以及改善食品的风味等方面都有着不可低估的作用。

发酵食品在食品王国中一直占据着十分重要的地位，发酵食品的生产有着悠久的历史，形成了多种具有特色的传统发酵食品，如酱油、醋、豆豉、面酱等。

酒曲

白酒是我国特有的一种酒，它的生产工艺独特，是以含淀粉的谷类等为原料，用曲作为糖化剂和发酵剂酿制而成，再利用固态蒸酒技术得到的一种蒸馏酒，其酒精含量较高，具有独特的芳香和风味，是我国消费量较大的一种饮用酒。

我们听到白酒名字时，常常会听到某某曲酒，到底"曲"是什么呢？曲是指生长了特定的有用的微生物的粮食（一般是生粮食）。酒曲中有着使淀粉变成糖（糖化作用）和使糖变成酒精（酒化作用）的多种微生物。用曲酿酒不像西方那样将糖化作用和酒化作用明显分开，而是同时进行的。霉菌产生的糖化酶把粮食中的淀粉分解成糖，酵母菌同时把糖变成了酒精。在我国古代，人们还不可能知道微生物到底是什么，但通过生产实践中的仔细观察和经验的积累能够精心操作，培养出相当纯化的有利于酿酒的微生物。例如，早在周代，文学家就将帝

王穿的黄色衣服形容为"曲衣"，因为曲上生长着一类叫作米曲霉的黄色孢子，其纯正的黄色就被用来形容皇帝的服色。这说明早在 3000 年前我国已经能够主动地培养出非常纯净的有酿酒功能的霉菌。后来我国人民制作了散曲、饼曲、红曲、麸皮曲等多种曲。除了酿酒外，用这些不同类型的曲还可以制造出许多种味道鲜美的食品，如腐乳、豆酱、酸奶、醋等等。通过制曲把有用的微生物"捕捉"来制造食品，是我们的祖先在数千年前就掌握的使微生物为人类服务的技术。

由于曲中生长的微生物远比发芽的粮食丰富，所以我国用曲酿制的酒，不仅粮食利用率很高，而且有着天然风味，这是西方酒类难以达到的。像酿制著名的山西汾酒所用的曲中，常常生长着红曲霉，它在产生酒的芳香风味上有重要作用。

酒曲酿酒是中国酿酒的精华所在。酒曲中所生长的微生物主要是霉菌，对霉菌的利用是中国人的一大发明创造。酒曲酿酒甚至可与中国古代的四大发明相媲美，号称第五大发明。这显然是从生物工程技术在当今科学技术的重要地位推断出来的。

葡萄酒

"葡萄美酒夜光杯，欲饮琵琶马上催"，这是唐朝诗人王翰写的歌咏葡萄酒的诗，可见葡萄酒古来已有，它是果酒中历史最悠久、消费最广泛的一种。

在自然界，只要有糖，就可能通过微生物的作用形成酒精。所以，最早的酒应该是天然存在的，不是人类酿制的。我国古代书籍中有"猿酒"（"猴酒"）的记载，说的是猴子把野生水果堆集在石凹中酿出的果酒。在非洲黄金海岸还流传一个天然酒的故事：有位猎人名叫安沙，一天他带着猎狗外出打猎，猎狗发现从椰树枝杈中流出芳香的汁液并吸了几口，然后依依不舍地被主人牵走了。第二天猎狗径自跑向那棵椰树，再也不肯离开，结果被那种汁液醉倒了。这位猎人也试着尝了一口，果然美不可言，于是他把这种汁液献给国王，国王也因贪饮而醉倒了。国王的卫士以为猎人谋害了国王，将猎人杀了。国王酒醒知道猎人被杀，十分气恼，杀了卫士，并把这种饮料命名为"安沙"，以此来纪念那位猎人。这种醉倒国王的"安沙"饮料就是酒，而且是天然的酒。

也许正是受到大自然的启示，人们最早便用葡萄等水果酿酒，因为果皮上有酵母菌，能把葡萄中的糖转化成酒。有着悠久历史的葡萄酒，它的酿造过程也从酿酒工人脱下鞋，挽起裤腿或撩起裙子爬进装满葡萄的大桶踩酒的传统方法，逐渐转变为使用现代设备，利用精湛的技术更好地控制酿酒过程。今天酿酒过程虽然不再像以往那样栩栩如生，但却卫生得多，质量也有了更大的保证。那么你想知道葡萄酒是如何酿造的吗？从葡萄开始采摘的那一刻，酿酒的

工作就开始了。简单地说，先把葡萄采摘下来，然后投入压榨去梗机中，除掉葡萄梗，压榨出来的葡萄浆汁称为原汁，把它抽进发酵罐，在那里，把精心挑选的酵母菌株移入原汁中，酵母将原汁中的糖分解后产生酒精，还产生一些对葡萄酒的品质和风味起着重要作用的其他物质，发酵结束后的酒液被贮存在酒桶中进行陈酿醇化，新酒经过陈酿后，除去了涩味、酵母异味和部分酸味，酒液变得口感良好、香味纯净。

在葡萄酒中可测得600多种营养成分，如多种维生素、微量元素、矿物质和酚类物质，适量饮用对美容养颜、软化血管、降低胆固醇都是有益的。

啤酒

酿造啤酒用的原料有大麦、水和酒花，首先要让大麦在适宜的条件下发芽，然后把发好的绿麦芽干燥，再把干麦芽粉碎，煮沸后制成麦芽汁，把酒花添加进去。酒花是一类"蔓草"植物，它是啤酒的香气与爽口、苦味的来源。最后把啤酒酵母接种到制备好的麦芽汁中。酵母在麦芽汁中生长繁殖。在没有氧气的情况下，酵母将麦芽汁中的糖类转化成了乙醇（酒精）和二氧化碳，这就是为什么啤酒中有气的原因，因为啤酒中含有二氧化碳。这个二氧化碳可不是外界充进去的，而是在发酵的过程中产生的。现在国际上的啤酒大部分添加辅助原料。有的国家规定辅助原料的用量总计不超过麦芽用量的 50%。但在啤酒之乡德国，除制造出口啤酒外，国内销售啤酒一般不使用辅助原料。国际上常用的辅助原料为：玉米、大米、小麦、淀粉、糖浆和糖类物质等。

啤酒中含有 18 种氨基酸，有 8 种氨基酸是人体所必需的，啤酒中含多种维生素，尤其以 B 族维生素最突出，还含钙、磷、镁、钾、钠等矿物质元素。啤酒的发热量较高，其中的营养物质极易被人体吸收，故享有"液体面包"之称。啤酒的低酒精度和高二氧化碳也有助于放松身体，同时能冲刷对身体有害的氯化钠。

干啤酒就是 20 世纪 80 年代开始风行于世界的一种新啤酒品种。那么它的生产和普通啤酒相比到底有哪些不同呢？首先我们在选择酿造啤酒的菌时，应选择具有高发酵度的啤酒酵母，因为生产普通啤酒的啤酒酵母没有分泌糖化酶的能力。糖化酶是一种可以催化大分子的糖类转变成小分子的糖类的酶。因为没有这种

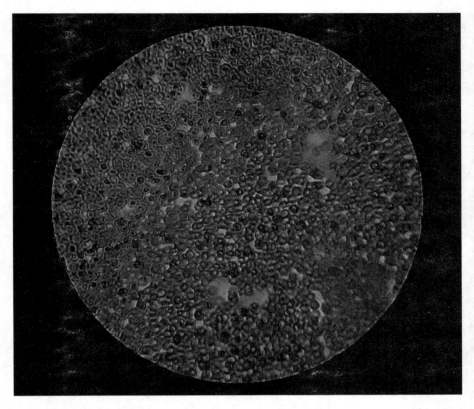

酶，所以普通啤酒酵母只能利用麦芽汁中的葡萄糖、麦芽糖、麦芽三糖等一些单分子糖，不能发酵和利用淀粉、糊精等较大分子的糖。因而普通啤酒中残留了高含量的非发酵性糖类，口感黏腻不清爽。而如果我们采用高发酵度酵母菌株，则可以分泌糖化酶，发酵糊精等大分子糖类，那么用高发酵度酵母菌株所制得的啤酒发酵度高，糊精含量低，酒中糖度可降到2%以下，色泽浅，清淡爽口。

啤酒是当今世界各国销量最大的低酒精度的饮料，品种众多。我国最早建立的啤酒厂是1900年由俄国人在哈尔滨开办的。目前，青岛啤酒、华润雪花、燕京、哈尔滨啤酒等是国内知名的品牌。

黄酒

据说浙江地区有一风俗，生子女之年，选酒封坛，泥封窖藏。待子女长大成人婚嫁之日，方开坛取酒宴请宾客。生女称为"女儿红"，生男称为"状元红"。"女儿红""状元红"都是黄酒的一种。

黄酒也称米酒，在世界三大酿造酒（黄酒、葡萄酒和啤酒）中占有重要的一席。黄酒酿酒技术独树一帜，成为东方酿造界的典型代表和楷模。其中以浙江绍兴黄酒为代表的麦曲稻米酒是黄酒历史最悠久、最有代表性的产品；山东即墨老酒是北方粟米黄酒的典型代表；福建龙岩沉缸酒、福建老酒是红曲稻米黄酒的典型代表。黄酒虽作为谷物酿造酒的统称，但民间也有些地方称谓，如江西的水酒、陕西的稠酒、西藏的青稞酒，如硬要说它们是黄酒，当地人也不一定能接受。

黄酒，顾名思义是黄颜色的酒。所以有的人将黄酒这一名称翻译成"Yellow Wine"，其实这并不恰当。黄酒的颜色并不总是黄色的，在古代，酒的过滤技术并不成熟之时，酒是呈混浊状态的，当时称为白酒或浊酒。黄酒的颜色就是在现在也有黑色的、红色的，所以不能光从字面上来理解。黄酒的实质应是谷物酿成的，因可以用"米"代表谷物粮食，故称为"米酒"是较为恰当的。现在通行用"Rice Wine"表示黄酒。

酿造黄酒的主要原料是糯米、黄米或高粱，我国南方多用糯米，黄酒是曲霉菌和酵母菌利用糯米经过发酵酿制成的。首先，是曲霉菌将糯米原料中所含的淀粉转变为可发酵性糖，然后由酵母菌将糖转化成酒精，发酵过程除了酒精外还有有机酸、氨基酸和杂醇油等生成，它们是原料中各种成分经微生物代谢产生的。

黄酒富含氨基酸，其中赖氨酸的含量比啤酒、葡萄酒等其他酿造酒高出许多。黄酒除了可以直接饮用外，还是医药上很重要的辅料。中药处方中常用黄酒浸泡，据统计，有70多种药酒需用黄酒作酒基配制。此外，它还被用作烹调菜肴时的调味料或解腥剂，炒黄豆芽加少许黄酒，可去除豆腥味。烹制绿叶蔬菜时，加入黄酒可使菜肴鲜艳。黄酒还能除去羊肉腥膻味，促进花椒、大料等作料气味的挥发。

酱油

酱油是用豆、麦、麸皮经微生物发酵酿造的，是中国的传统调味品。传统的制造方法采用野生菌制曲，依靠日晒夜露的自然发酵，生产周期长，原料利用率低，卫生条件差，产品的质量难以保证。现代酱油生产在继承传统工艺优点的基础上，在原料、工艺设备、菌种等方面进行了很多改进，生产能力有了很大的提高，品种也日益丰富。

酿造酱油所需要的原料有蛋白质原料、淀粉质原料、食盐、水及一些辅助原料，蛋白质原料通常选用大豆或豆粕、豆饼等，淀粉质原料通常选用小麦、麸皮或米糠等，在酱油酿造过程中所需的微生物主要有米曲霉、酵母菌、乳酸菌。酱油的酿造实际上是巧妙地利用了微生物的结果，首先是米曲霉在合适的条件下充分发育繁殖，同时分泌出多量的酶，如蛋白酶、淀粉酶、脂肪酶、纤维素酶等，接下来蛋白水解酶将蛋白质原料，逐渐转化为氨基酸，淀粉水解酶将淀粉质原料水解为葡萄糖等单糖；生成的单糖构成酱油的甜味，有部分单糖被酵母菌作用转化为酒精和二氧化碳；生成的酒精，一部分被氧化成有机酸类，部分挥发散失，一部分与有机酸化合成酯，还有少量则残留在酱醅中。这些物质对酱油香气形成十分必要。适量的有机酸存在于酱油中，可增加酱油的风味，乳酸则是酱油中的重要呈味物质，对形成酱油风味起着重要作用，通过乳酸菌的发酵作用，可以使糖类转变为乳酸。

酱油中含有多种调味成分，有酱油的特殊香气，食盐的咸味，氨基酸钠盐的鲜味，糖及其他醇甜物质的甜味，有机酸的酸味，酪

氨酸等物质爽适的苦味，还有天然的红褐色色素，可谓是咸、酸、鲜、甜、苦五味调和，色香俱备的调味。

在烹调时加入一定量的酱油，可增加食物的香味，并使其色泽更加好看，从而增进食欲。提倡后放酱油，这样能够将酱油中有效的氨基酸和营养成分得以保留。在烹饪绿色蔬菜时不必放酱油，因为酱油会使这些蔬菜的色泽变得暗淡，并失去蔬菜原有的清香。酱油中含有的异黄醇质还具有降低人体胆固醇、降低心血管疾病的发病率的功效。

铁缺乏被认为是全球三大"微量营养元素缺乏"之首。据中国疾病预防控制中心的调查显示，我国儿童贫血率在25%左右，妇女贫血率在20%左右，孕妇贫血率高达35%。2003年9月，卫生部启动了"应用铁强化酱油预防和控制铁缺乏和缺铁性贫血"试点项目，项目启动以来取得了明显的效果，试点地区的贫血患病率在原有基础上下降30%以上。

酸奶与奶酪

酸奶一般指酸牛奶，它是以新鲜的牛奶为原料，经过巴氏杀菌后再向牛奶中添加有益菌（发酵剂），经发酵后，再冷却灌装的一种牛奶制品。目前市场上酸奶制品多以凝固型、搅拌型和添加各种果汁果酱等辅料的果味型为多。酸奶不但保留了牛奶的所有优点，而且某些方面经加工过程还扬长避短，成为更加适合于人类的营养保健品。

发酵过程使奶中糖、蛋白质有 20% 左右被分解成为小的分子（如半乳糖和乳酸、氨基酸等）。奶中脂肪含量一般是 3% ～ 5%。经发酵后，乳中的脂肪酸可比原料奶增加 2 倍。这些变化使酸奶更易消化和吸收，各种营养素的利用率得以提高。酸奶由纯牛奶发酵而成，除保留了鲜牛奶的全部营养成分外，在发酵过程中乳酸菌还可产生人体营养所必需的多种维生素。酸奶发酵后产生的乳酸，可有效地提高钙、磷在人体中的利用率。

以凝固型酸奶为例，来看看酸奶的生产过程。生产酸奶的原料是牛乳，习惯上采用混合菌作为酸奶的发酵剂，再添加嗜酸乳杆菌、两歧双歧杆菌，还可添加明串珠菌，提高酸奶中维生素 B_2 和维生素 B_{12} 的含量，并增加香味。当我们把选择好的发酵剂接种到处理好的牛乳中后，乳酸菌就在牛乳中生长繁殖，发酵分解牛乳中的乳糖产生乳酸等有机酸。当发酵到一定阶段，牛乳发生凝集，这就是凝固型酸奶。

奶酪是一种发酵的牛奶制品，其性质与常见的酸牛奶有相似之处，都是通过发酵过程来制作的，也都含有可以保健的乳酸菌，但是奶酪的浓度比酸奶更高，近似固体食物。奶酪含有丰富的蛋白质、钙、脂肪、磷和维生素等营养成分，营养价值也因此更加丰富。每千克奶酪制品大约由 10 千克的牛奶浓缩而成。就工艺而言，奶酪是发酵的牛奶；就营养而言，奶酪是浓缩的酸奶。

中国有一种食品，它的生产方法和西方奶酪有着异曲同工之妙。首先，它们都以蛋白质为主要原料，只是奶酪用的是鲜牛奶，属于动物蛋白。而我们的食品是植物蛋白——豆腐。其次，它们都是由微生物发酵制成的。只不过奶酪利用的是乳酸菌，而我们的食品用的是毛霉。这种食品就是豆腐乳，在餐桌上它通常作为一种佐餐的小菜。

柠檬酸与苹果酸

柠檬酸，在自然界中分布很广，柠檬、柑橘、菠萝、梅、李子、梨、桃、无花果等许多水果中都含有它，尤其是在果实还未成熟的时候含量会更多一些。除了植物的果实外，植物的叶子，还有动物体内，也都有柠檬酸的存在。柠檬酸具有令人愉快的酸味，它入口爽滑，没有后酸味，安全无毒。柠檬酸是食品加工业中很重要的食品添加剂，也广泛应用于医药、染料及其他工业。

柠檬酸之所以叫这个名字，是因为在 1784 年，瑞典化学家首次从柠檬汁中提取出了柠檬酸，并制成了结晶，所以柠檬酸的拉丁名的原意就是存在于柠檬等水果中的一种有机酸。

最初，柠檬酸只能从含酸丰富的原料中提取。1919 年，比利时一家工厂首先成功地进行了柠檬酸发酵法的工业生产，从那个时候开始，世界各国都逐步开始采用发酵法来生产柠檬酸了。

发酵法生产柠檬酸用到的菌是黑曲霉。可以充当黑曲霉"食物"的可以是富含淀粉的农产品，如红薯、马铃薯以及由它们制成的薯干或薯干粉，也可以是制糖工业的副产品糖蜜等其他原料。在适宜的 pH 和温度下，通入氧气，加入黑曲霉菌，黑曲霉就不断地从"食物"中吸收营养，不断地生长、繁殖，最后就分泌出需要的柠檬酸。

苹果酸广泛存在于生物体中，在天然水果中的含量都很高。自然界中，最常见的是 L—苹果酸，存在于不成熟的山楂、苹果和葡萄果实的浆汁中。苹果酸作为性能优异的食品添加剂和功能性食品，广泛应用于食品、化妆品、医疗和保健品等领域，已成为继柠檬酸、乳酸之后用量排第三位的食品酸味剂。

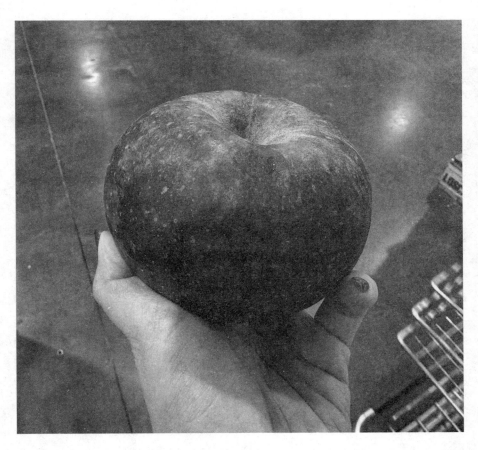

　　目前苹果酸的发酵工艺大体有三类：一步发酵法、两步发酵法和酶转化法。各发酵法采用的微生物不同。其中一步发酵法又叫作直接发酵法，它以糖类为原料用霉菌直接发酵产生苹果酸。一步发酵工艺采用的微生物有黄曲霉、米曲霉和寄生曲霉。

　　苹果酸和柠檬酸虽都属有机酸，但苹果酸在生理功能方面及味觉上与柠檬酸却明显不同。与柠檬酸相比，苹果酸酸味刺激缓慢，可以保留较长时间，酸化效果比柠檬酸更佳，酸味比柠檬酸高20%。当50%苹果酸与20%柠檬酸共用时，可呈现强烈的天然果实风味。

植物发酵饮料

随着人民生活的不断提高,对食物营养的要求也越来越高了。于是自然、健康的绿色食品越来越受到人们的青睐。市场上出现了很多以绿色植物为原料,采用生物发酵技术生产而成的营养丰富的天然绿色发酵饮料,例如蒜发酵饮料和菱发酵饮料。

人们对大蒜的利用可上溯到 3000 多年前,不同文化传统的人们曾将大蒜作为食品、调味剂、香料和民间药品。在人类历史长河中,

大蒜为人类的健康作出了杰出的贡献。我国自《名医别录》后的历代本草中都记载大蒜，说它能"散痈肿，除风邪，杀毒气"。今天，大蒜又踏上了防癌抗癌的舞台。20世纪90年代初，美国国家癌症研究院提出了一个包括近40种植物的防癌食物表，列出了其防癌功效高低排行的金字塔，而大蒜则位于金字塔之尖，独占鳌头。由此，大蒜热席卷全球。然而，大蒜特有的辛辣和异味（蒜臭味）则往往使人退避三舍，于是各种大蒜深加工食品应运而生。那么，到底用什么办法除去大蒜这股难闻的味道呢？

使大蒜脱臭的一个办法就是采用发酵的办法。需要利用的微生物就是豆酱曲霉。把新鲜的蒜先蒸一下，然后把它和人参、枸杞等放入酒精溶液中，以便把它们的有效成分抽提出来，然后把酒精去掉，就可以加入曲霉了。在曲霉的作用下，就可以除掉蒜臭味，这时再加入一些调味的物质，就生产出了既香甜可口，又滋补健身的蒜发酵饮料。

菱就是菱角，是一种草本植物，通常生长在池沼中，果实的硬壳有角，所以俗称菱角。菱角的果肉是可以吃的，菱不论是它能吃的果实，还是不能吃的根、茎、叶，都具有各种营养成分和显著的药效，因此它是生产滋补保健饮料的适宜原料。

菱的果实、根、茎、叶都可用作发酵饮料的原料。首先把菱的果实、根、茎、叶洗净蒸煮后冷却、晾干，然后把原料放到木板室内，让它进行自然发酵。自然发酵就是不另外加发酵剂，而是利用自然界中存在的一些微生物来进行发酵的方法，通过自然界中的微生物使原料中的纤维质分解。原本纤维质是不能被人体吸收的，经过发酵变成人体易吸收的营养成分。发酵结束后，把产物在日光下晒干，再用粉碎机粉碎成粉末状，就成了菱发酵固体饮料。

天然的红曲色素

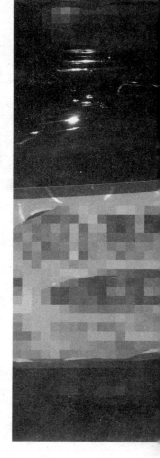

现在在食品工业中常用的食用色素包括两类：天然色素与人工合成色素。天然色素来自天然物，主要在植物组织中提取，也包括来自动物和微生物的一些色素。人工合成色素是指用人工化学合成方法所制得的有机色素，主要是以煤焦油中分离出来的苯胺染料为原料制成的。自从1856年英国人帕金合成出第一种人工色素——苯胺紫之后，合成色素就被广泛应用在食品加工行业中。但大量的研究报告指出，几乎所有的合成色素都不能向人体提供营养物质，某些合成色素甚至会危害人体健康。与人们对合成色素的危害性认识越来越深入相对应的是，天然色素越来越受到重视。与合成色素截然不同的是，食用天然色素不仅没有毒性，有的还有一定的营养，甚至具备一定的药理作用。目前，开发研制天然色素，利用天然色素代替人工合成色素已经成为食品、化妆品行业的发展趋势。

红曲色素就是一种我国传统的天然色素。红曲色素是将红曲米用乙醇抽提制得的液体红色素。红曲米又叫作红曲、赤曲、红米、福米，是我国传统使用的产品，其生产和应用已有千余年历史。中医认为红曲性温、味甘、无毒，入脾胃二经，可健脾、养胃，有活血的功能。

　　传统红曲是以大米为原料，经过浸米、蒸饭冷却后，自然接种红曲霉种子，经发酵生成的外表呈棕红色的不规则形的碎米。这种固体培养法制取红曲，产量低、色价低、质量不稳定。我国目前大批量工业化生产红曲采用的为厚层通风发酵法，原料仍为大米，只是菌种不再是自然接种得来，而是通过选择的菌种扩大培养而来，经过几次发酵最终得到成品。

　　红曲是我国和日本等亚洲国家所喜爱的天然色素，主要用于红曲酒、红曲醋、红腐乳的生产，也广泛用于烹饪和食品加工中的着色。

　　红曲最早发现于中国，已有1000多年的生产、应用历史。

微量元素的微生物强化

微量元素是指占人体总重量 0.01% 以下的元素。已被确认与人体健康和生命有关的必需微量元素有铁、铜、锌、钴、锰、铬、硒、碘、镍、氟、钼、钒、锡、硅、锶、硼、铷、砷等。微量元素虽然含量低，但却很重要。如锌平均仅占人体总重量的百万分之三十三，但对性发育和智力发育等却非常重要。均衡营养，补充适量的微量元素对人体健康十分必要。虽然合理的膳食结构能提供人体需要的大多数必需的微量元素，但对个别元素缺乏的也应该有针对性地加以补充。在这方面，利用微生物的特性开发的富含某种微量元素的营养强化

剂就起到了重要的作用。这种营养强化剂最大的特点是有机性，人体可以高效吸收利用。

人体如果缺碘，就会使甲状腺素分泌减少，引起许多疾病，常见的是甲状腺肿大。我国已采取措施，即在食盐中强化碘以降低甲状腺肿大的发病率，可是碘盐中的碘为无机碘，而无机碘不稳定，人体吸收率低，易于挥发损失，怎么解决这一问题呢？

人们在金针菇培养基中，添加适量的无机碘，然后接种上金针菇菌种，再通风发酵，在发酵过程中，通过生物转化作用，使无机碘转化成生物活性碘。收集富碘的菌丝体，加工处理后，用作补碘食品添加剂。在食品中加入微量菌体制剂便可满足人体日常补碘需要，而且其中的有机碘性质稳定，人体吸收率高，是理想的营养强化剂。

硒是人体必需的一种微量元素。它在成人体内的含量为 14 ～ 21 毫克。人体如果严重缺硒就会导致一系列的疾病发生，克山病就是其中一种。近年研究表明，硒除了可预防克山病以外，还具有抗癌的作用。

富硒酵母就是近年来开发的一系列富硒制品中十分重要的一类。生产富硒酵母所选用的菌种一般是啤酒酵母，培养基则是由麦芽汁加上含硒的制剂——亚硒酸钠制成的。加入亚硒酸钠的目的就是要使麦芽汁中含有适宜浓度的硒。我们将选好的啤酒酵母接种到麦芽汁中，然后在适宜的条件下发酵、培养，发酵到一定时间后，把酵母分离出来，冲洗、干燥、粉碎就得到了淡黄色的富硒酵母粉。富硒酵母粉还可作为功能性基料，进一步加工成具有一定保健作用的多种富硒功能性食品。

生态环保的沼气

沼气，是各种有机物质，在隔绝空气（还原条件），并在适宜的温度、湿度下，经过微生物的发酵作用产生的一种可燃烧气体。沼气的主要成分是甲烷，约占所产生的各种气体的 60% ～ 80%。甲烷是一种理想的气体燃料，它无色无味，与适量空气混合后即可燃烧。

目前，不少国家把甲烷发酵与无废物生物工程体系结合起来，这种工程体系，不需要从外面购买原料、燃料，同时又不向外排放废水、废渣等废物。如瑞典有一家糖厂，原先每天要烧230吨石油，不仅污染了空气，并且把废水、废甜菜丝和甜菜叶排入江河，造成了江河污染，鱼虾绝迹。自从建立了半生产性规模的生物工程体系后，这个厂的生产和环境卫生大为改观。他们利用废水和废渣进行沼气发酵，以此作为燃料来代替石油，用沼气发酵池中排出来的发酵渣给田施肥，种植甜菜，废水经发酵处理后用来灌溉农田，大大减轻了对环境的污染。

与上面的工程体系类似，我国北方农村"四位一体"模式是农业部根据我国北方地区冬季比较寒冷的气候特点，创造和研制推广的高产、优质、高效农业生产模式。它依据生态学、生物学、经济学、建筑工程学系统原理，以农村庭院土地资源为基础，以太阳能为动力，以沼气为纽带，通过生物转换技术，利用农户庭院或田园等，将沼气池—畜禽舍—厕所—日光温室连结在一起，组成"四位一体"能源生态综合利用体系。例如，修建一个平均每人 1 ～ 1.5 平方米的发酵池，就可以基本解决一年四季的燃柴和照明问题；人、畜的粪便以及各种作物秸秆、杂草等，通过发酵后，既产生了沼气，还可作为有机肥料，而且由于腐熟程度高，肥效更好。粪便等沼气原料经过发酵后，绝大部分寄生虫卵被杀死，可以改善农村卫生条件，减少疾病的传染。

中国农业资源和环境的承载力十分有限，发展农业和农村经济，不能以消耗农业资源、牺牲农业环境为代价。沼气是可再生的清洁能源，既可替代秸秆、薪柴等传统生物质能源，也可替代煤炭等商品能源，而且能源效率明显高于秸秆、薪柴、煤炭等。农村沼气把能源建设、生态建设、环境建设、农民增收链接起来，促进了生产发展和生活文明。发展农村沼气，优化能源消费结构，是中国能源战略的重要组成部分。

我国的大中型沼气工程始于 1936 年，此后，大中型废水、养殖业污水、村镇生物质废弃物、城市垃圾沼气的建立拓宽了沼气的生产和使用范围。

堆肥发酵

堆肥发酵是利用自然界广泛分布的细菌、放线菌、真菌等微生物，人为地促进可生物降解的有机物向稳定的腐殖质生物转化的微生物学过程，其产物为堆肥，是处理有机固体废物并使之实现资源化的一种重要技术。有机固体废物的堆肥化技术有多种，包括：高温堆肥技术（好氧堆肥技术）、厌氧堆肥技术、静态堆肥技术和动态堆肥技术等。堆肥化技术可以处理污泥、农业废弃物、动物粪便、食品废物和庭院废物，以及某些工业有机固体废物。

最简单的工艺技术是静态堆肥化技术，把收集的新鲜有机废物一批一批地堆制。堆肥物一旦堆积后，不再添加新的有机物和翻倒，让它在微生物作用下完成生化反应，成为腐殖土后运出。堆肥成功需要有微生物生长的最适条件。由于微生物的反应会产生生物热能，使堆肥内部热量迅速积累。过高的热量会严重削弱微生物的生物活性，因此堆肥处理应控制在温度不超过55℃。对于大规模商业化堆肥，通气堆肥系统是在一个封闭的建筑物内进行的，这样可以控制异味的散布。在这类系统中，通过翻转进行强制性的通气，可以创造良好的堆肥条件。

垃圾堆肥是处理与利用垃圾的一种方法，是利用垃圾或土壤中存在的细菌、酵母菌、真菌和放线菌等微生物，使垃圾中的有机物发生生物化学反应而降解（消化），形成一种类似腐殖质土壤的物质，

用作肥料并用来改良土壤。垃圾堆肥技术在中国农业活动中早有应用，而作为科学进行研究探讨此法则始于1920年。垃圾堆肥法操作一般分为4步：（1）预处理，剔出大块的及无机杂品，将垃圾破碎筛分为匀质状，匀质垃圾的最佳含水率为45%～60%，碳氮比约为20～30，达不到需要时可掺进污泥或粪便；（2）细菌分解（或称发酵），在温度、水分和氧气适宜条件下，好氧或厌氧微生物迅速繁殖，垃圾开始分解，将各种有机质转化为无害的肥料；（3）腐熟，稳定肥质，待完全腐熟即可施用；（4）贮存或处置，将肥料贮存，不可分解的杂质另作填埋处置。

堆肥发酵形成的肥料是有机肥，目前农业上大量使用的却是无机化肥。有机肥不仅使土壤有机质数量增加，改善土壤结构，而且可有效提高土壤有益微生物的数量和土壤酶的活性。但提高作物产量还是离不了化肥。有机肥和化肥适当比例配施则是最佳的施肥组合。

人体少不了的维生素

维生素是维持人体正常的生理功能所必不可少的一类低分子有机化合物，它是人类生存必需的营养物质。人体对各种维生素需求量很小，大多数维生素在人体内不能自行合成，必须从食物中摄取。维生素的种类很多，其中维生素 C、维生素 B_2 是两种重要的维生素。

维生素C又叫作抗坏血酸。许多水果、蔬菜中都含有丰富的维生素C，如果体内严重缺乏维生素C，就会患上坏血病。维生素C除了能预防坏血病外，还具有许多生理功能，例如它具有抗氧化功能，能消除体内过剩的自由基，提高机体的免疫功能，起到防癌作用。

维生素 C 的生产方法包括天然提取法和化学合成或半合成法两

种。目前，发酵法虽不能完全取代化学合成法，但合成法中的某些步骤已用微生物发酵法来替代。我国在维生素C的实际生产上就首创了二次发酵法，实质上就是通过微生物发酵技术代替了世界通用的方法中的部分化学合成阶段，从而减少了丙酮、酸、碱、苯等溶剂的大量使用。两种方法都是以葡萄糖为原料，而二次发酵法中间的两步发酵是用氧化葡萄糖酸杆菌和条纹假单胞菌共生发酵的。

维生素B_2又叫作核黄素，是水溶性维生素的一种。维生素B_2在动物性食品比在植物性食品含量高，一般蔬菜和谷类含量较少，且在谷类食品加工中极易受到损失，所以核黄素作为营养强化剂大多添加在谷类食品中。维生素B_2在人体内有着十分重要的生理作用，有时我们口角溃疡可能就是由于缺乏维生素B_2引起的，如果机体中维生素B_2不足，就会引起代谢紊乱，表现出多种缺乏病。

豆渣可以用作生产维生素B_2的原料，它是生产豆制品后剩下的下脚料，用它来生产维生素B_2是豆制品厂废物利用的一个不错的办法。参与豆渣生产维生素B_2的菌种是阿舒假囊酵母，发酵的方法则采用的是固体发酵的方法，发酵后，过100目筛即为成品维生素B_2。不过，由于豆渣含水量高、操作不便、易腐败等诸多缺点，致使大规模生产受到较多限制。近年已经发展了用麦麸做培养基主料，固态发酵生产维生素B_2和维生素E的生产工艺。

维生素是个庞大的家族，就目前所知的维生素就有几十种，而人体需要的维生素有十多种，如常见的维生素A、维生素B（多种亚类）、维生素C、维生素E、水溶性维生素等。维生素是人体的七大营养素之一，它们都是维持人体组织细胞正常功能必不可少的物质。因此，许多人把维生素当作一种"补药"，认为维生素多多益善。其实不然，盲目乱用维生素，必然会使维生素走向其反面——危害健康。

污水的微生物处理

污水处理的方法有：物理法、化学法和微生物处理法几类。而微生物处理法则是应用最为广泛的一种。所谓废水的微生物处理法就是微生物在废水中进行生命活动的结果。微生物的生存空间十分广阔，到处都有这些小家伙寄生的踪迹。十分有意义的是，微生物通过自身的代谢活动，可以改变其赖以寄生的各种物质的化学性质，在种类繁多的微生物中也不难找到可以用来清除污水、污物中有害物质的种类，利用它们对这些有机、无机的污染物质的吸收转化功能，对环境保护将起到积极的作用。

那么微生物到底是怎样使污水净化的呢？要知道这个答案，首先我们要了解废水中到底含有哪些成分，不同的工厂所排放的废水的成分也各不相同。就从食品厂排放的废水来看，通常都含有高浓度的可生物降解的有机物质，如碳水化合物、悬浮物、油脂等，而这些有机物质都可以成为微生物进行新陈代谢的营养，然后通过微生物细胞内及细胞外的各种酶的作用把废水中的有机大分子物质分解转化成可利用的小分子物质，并利用其合成为菌体本身，同时把有机物分解成了简单的无机物。选用能够降解污染物的微生物，采用生物技术将它们富集起来，再将这些微生物固定在生物膜上，做成生物反应器，安装在废水处理池中，就可能达到净化污水的作用。

近些年来，科学家还发现了能够消除海面上石油污染的"石油菌"，将能降解石油的几种基因，结合转移到一株假单孢菌中，构建成了能够降解多种原油成分的"超级微生物"。在油田、炼油厂、油轮以及被石油污染了的海洋、陆地，它都可以发挥去除石油污染

的效力。除了"石油菌"，能够分解毒性很强的金属汞化物的新型耐汞细菌，甚至能够把毒性很强的有机物，如酚类、氰类等分解利用的生物工程菌纷纷应运而生，显示出了微生物在治理污物、废水等方面的潜在应用价值。

1916年，英国出现了第一座人工处理污水的曝气池，开始了微生物处理污水的新时代。微生物处理废水具有效率高、成本低、投资省、操作简单等特点，在城市污水和工业废水的处理中得到了广泛的应用。作为一个整体，微生物分解有机物的能力是惊人的。随着"现代工业文明"的发展，污水中有毒、有机废物大量增加。但由于微生物具有极其多样的代谢类型和很强的变异性，近年来的研究，已发现许多微生物能降解人工合成的有机物，甚至原以为不可生物降解的合成有机物，也找到了能降解它们的微生物。可以说，凡自然界存在的有机物，几乎都能被微生物所分解。

"环保"好帮手

许多环境问题，单纯依靠工业及其相关技术是难以解决的，而现代生物技术在环境保护方面却可以发挥它的"奇效"。要有效地清除环境污染，单纯依靠天然微生物资源是远远不够的。科学家依靠基因工程、细胞融合等高超技术，不仅对现有微生物种类进行反复的筛选和改造，而且重新组建了一批清除污染的"尖兵"。具有特殊功能的"工程菌""超级菌"，能够高效率地分解有机污染物，从而将应用生物技术消除环境污染提高到了一个崭新的水平。

农田中不时飘动的白色塑料布碎片、铁路两侧到处散落着的一次性快餐盒，这些白色垃圾即使埋到土中50～100年依然存在。据报道，2007年，日本农业环境技术研究所在水稻叶子中发现一种可有效分解微生物降解塑料的酵母，其分解聚乙二酸丁二醇酯制造的微生物降解塑料薄膜的能力从土壤1个月左右自然分解缩短到添加酵母后3天就能分解。这一发现为解决废旧塑料等白色污染问题给出了希望。

一位科学家研制成了新型的有机废弃物处理装置，它是一种高速发酵处理装置，利用发酵促进剂在24小时之内就可以使废弃物分解发酵，然后再采用烘干法进行处理，以达到清除污染物的目的。

早在1957年，美国人就获得了"利用微生物处理废气"的专利。国外在这方面给予了高度重视，做了大量的工作。比如，德国的一家肉类加工厂，把微生物悬浮液当作吸收剂，制成一个填料塔生物

吸收装置，来净化含有氨、胺、硫、醇、脂肪酸、乙醇和酮等臭味物质的废气，收到了不错的效果。

利用微生物消除环境污染还可以与工农业废弃物的综合利用结合起来，即"变废为宝"。这的确是一个容易被人接受并可获得一定的经济效益的环境治理途径。比如说，从纤维性的废弃物中生产酒精、沼气作为替代燃料，从木材、纸浆厂排放的亚硫酸盐废液中提取有用的木糖，利用糖厂废料生产单细胞蛋白等都是变废为宝的典型事例。

防患于未然也同样需要借助于微生物的帮助。比如，以生物农药代替化学农药，以生物肥料代替化学肥料，不仅是农学家和生物学家关注的话题，也同样是环境保护学家所关注的话题。

小生物大用途

土壤、空气、水中都有微生物的踪迹，假如不是它们在无休止地将那些复杂的有机物分解为简单的物质，地球上的氮、氧、磷、碳、硫等都不可能实现再循环。它们似乎什么环境都能适应，世上没有它们不能吃的，没有它们不能去的，有的能吃铁，吃硫，吃塑料和农药，有的远征南极冰川和深海热泉。人类实在需要这些特别能吃苦、特别能战斗的小生物。科学家一直都在寻找它们，发现它们，挑选它们，

在恶劣的条件下锻炼它们，把它们培养成人类治理污染、冶炼金属、制革、纺织、印染等行业中的特殊帮手。

用微生物富集一些稀有金属的研究已经报道了不少。不过用微生物改变冶炼工艺还是很独特的。研究员向一堆低品位的铀矿石上喷洒混合有氧化铁杆菌—硫杆菌的硫酸亚铁溶液，微生物在这种溶液中生成的物质可以将不溶性铀变为可溶性的铀，过几天，他们将这堆矿石放进水中，从浸矿的水中提取铀。

有微生物化学"鼻"吗？英国西南部的一个化学和生物研究室里有一批科学家正在让微生物帮人类去"闻"气味。他们把一细菌的 X 基因和荧光素酶基因连接起来，再转移到细菌中。改造后的细菌能依靠 X 基因感觉环境变化，包括废物排放，空气污染，是否有化学武器等等。感觉到变化后能让荧光素酶激活，荧光素酶再催化荧光素发光。它们配合得天衣无缝，只要空气中有某种异味，X 蛋白就会通知荧光素酶，探测器就可以捕获光酶反应发出的微光，并将光信号转变为电信号，人们就知道污染的程度。目前，一些科学家还在不断改造 X 基因，企图建立一个 X 家庭。让它们个个都有自己的化学对象。那时我们就会有各种各样的微生物化学"鼻"，帮我们"闻"到更多的"气味"了。

微生物是地球上最早的"居民"。假如把地球演化到今天的历史浓缩到一天，地球诞生是 24 小时中的零点，那么，地球的首批居民——厌氧性异养细菌在早晨 7 点钟降生，而人类要在这一天的最后一分钟才出现。从有利的方面看，微生物对人类的作用巨大。从我们自身食物营养吸收到分解消化人类各种垃圾，微生物无所不在。

第三章
酶工程应用

酶是高效、专一的生物催化剂。现已经分离、提纯出多种生物酶用于工业生产。酶应用最多的领域是食品和医药。

科学家通过葡萄糖异构酶的催化，把葡萄糖转化成甜度高1倍的果糖是20世纪70年代酶工程最成功的应用之一。现在每年需要数千吨的葡萄糖异构酶用于生产上万吨的高果糖浆。与食糖相比，高果糖浆具有糖度高、不易结晶、低黏度、保湿性强等优点，在制造点心和冷饮等工业中倍受欢迎。现在这种高果糖浆已被广泛地应用在可口可乐这一类饮料中。随着酶工艺的发展，酶在乳化剂、增稠剂、调味剂和营养强化剂等食品添加剂上的应用会越来越广泛。此外，正在崛起的酶法保鲜技术也以其鲜明的特点而引起世人的瞩目。

神奇的固定化生物技术

在生产实践中，由于酶的不稳定性、耐热性差，及在水中或易变的环境中失去催化活力，与底物只能反应一次，不但造成酶的浪费，而且混入的酶蛋白使产品的提纯复杂化。为此，人们不断寻求其改善方法，办法之一就是酶固定化技术的应用。人们在改进酶的研究中发现，把酶固定起来，不仅仍然能使其在常温常压下行使高效、专一的催化功能，而且由于密度提高，使催化效率提高，反应也更容易加以控制，从而可反复和连续使用数十次到数百次。有了固定化技术，还可以缩短反应周期，实现连续生产，从而使产品成本降低。

目前，固定化酶和固定化细胞催化的反应大多为一步酶反应，

但已经在工业、医学、化学分析、亲和层析、环境保护以及理论研究等方面发挥了巨大作用。特别是利用固定化技术基础上发展

起来的亲和层析是今后提取酶和辅酶的有效工具。一旦被酶工业所采用，将会引起酶工程本身的重大改观。

固定化微生物技术则是将特选的微生物固定在选定的载体上，使其高度密集并保持生物活性，在适宜条件下能够快速、大量增殖的生物技术。这种技术应用于废水处理，有利于提高生物反应器内微生物的浓度，有利于微生物抵抗不利环境的影响，有利于反应后的固液分离，缩短处理所需的时间。一般而言，针对特殊污染源，来自天然环境的微生物消耗很快、效率低下，即使有快速的繁殖能力仍不足以负荷。因此，利用固定化微生物技术向目标添加定制的、具有已知降解能力的微生物制剂（固定化微生物），处理效果则有明显的提升。

酶反应器

谈到反应器，人们自然与工厂的高大铁罐、高温、高压和大烟囱排出的废气等条件联系起来，化学工业就是利用反应条件，把原料加工成人们所需要的产品。最常见的反应条件就是高温、高压，这就需要消耗大量能量。然而，化工厂里进行的反应在生物体内也能进行，但在生物体内进行的反应是在常温、常压下进行的。能否在常温、常压下利用一定的装置合成化学工业所能合成的产品，这就需要酶反应器来帮忙了。

酶反应器是根据酶的催化原理，在一定的生物装置中把原料转变为有用的物质。酶反应器在食品、酿造、发酵、能源开发和三废处理等方面已得到广泛的应用。例如在食品工业中出现了一种神奇的反应器，味道不太甜的葡萄糖从这种反应器中经过，葡萄糖就转变为比其更甜的高果糖浆；酶反应器用于临床治疗和诊断的事例很多，将脲酶和离子交换树脂一起制成微胶囊填充于柱式反应器内，再与小型透析机连接，利用定时泵进行体外循环，使之成为人造肾脏。迄今，人们发明的酶反应器有批量反应器、搅拌式反应器、填充床反应器和循环反应器等类型。

酶反应器与发酵反应器不同处在于，酶反应相对于发酵来讲是一个简单过程，一个酶反应只是生化反应中的单一一步，只要保持好温度、pH等就可以，反应后的结果也比较单一。发酵过程是一个多部过程，如培养、生长、代谢等所需控制条件和发酵产物要复杂得多。与化学反应器相比，酶反应器一般是在低温、低压下发挥作用，反应时的耗能和产能较少。

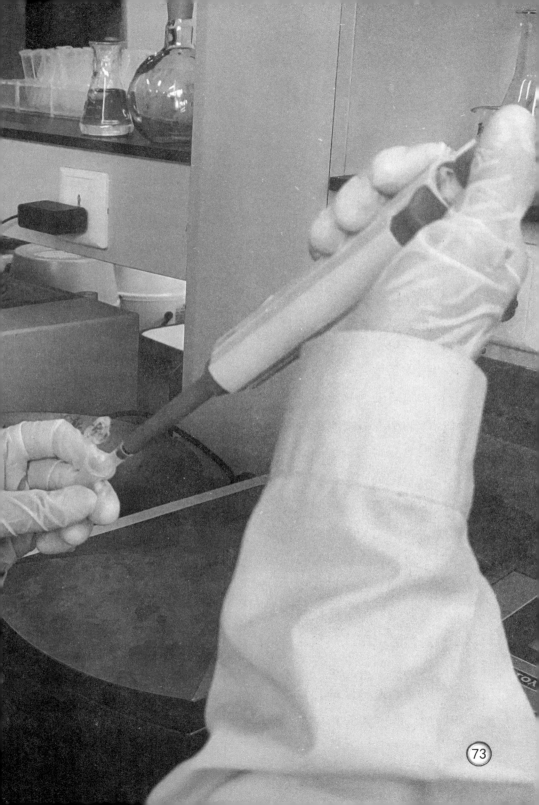

诊断疾病的好帮手

随着科学的进步，人们生活水平越来越高，医疗保障也越来越完善。在疾病诊断、治疗、愈后判断以及疾病早期发现和判断健康方面，酶学分析首先被人们所利用，并逐步形成了临床酶学。从而使灵敏、快速、简便、微量的酶法诊断成为诊断学的重要内容。临床诊断用酶也成为酶应用增长最快的领域之一。

人体的许多疾病是与代谢失调，特别是与酶的正常的催化作用受到干扰破坏有关。由于先天性缺乏某种酶而引起的疾病也屡见不鲜。白化病就是由于机体不能合成一种酶的缘故，这是一种与形成皮肤、毛发和眼睛的色素相关的酶。缺乏这种酶的病人其毛发皮肤都是白的。准确地测出某一物质含酶量与血和尿液的特定底物反应后，使底物量减少或增加作为诊断指标。血清酶学诊断就是非常重要的临床诊断手段。就如在血清中检查谷丙转氨酶含量＞40单位，就可以诊断出此人患有肝炎。为了简便快速用酶诊断疾病，测定用试剂和器具已被人们组装成试剂盒上市。至今常用的测定对象如血糖尿糖、甘油三酯、胆固醇、胆红素等相应试剂盒

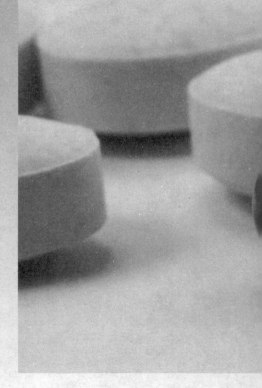

已商品化，而最知名的是用纯的可溶酶的酶试剂盒。另一种简便的使用形式是当人体患有某种疾病时，把酶固定在纸片或塑料上，只需点入待测液，即可从颜色的变化做出判断。近几年来所检测的项目不断增加，从单酶盒已发展到两种或两种以上酶联合作用的两步或多步反应的酶偶联试剂盒。国外已推出同时检测九个项目的九联酶试纸。为提高使用效率、降低检测费用，采用反复使用的固定化酶代替自然酶是临床分析用酶的发展趋势。

　　科学家正在寻找特异性强、灵敏度高、生产成本低的微生物酶源。相信物理、化学、电子、自动化等领域的高新技术的引进和有机结合会使酶法临床诊断大显身手。

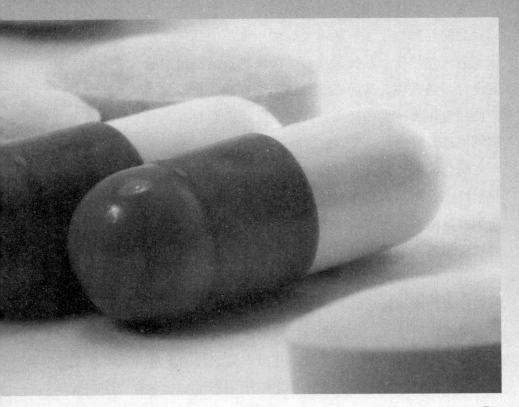

酶在食品添加剂生产中的应用

很久以前，人类就开始利用酶制备食品，尽管当时人类并没有任何有关催化剂和化学反应本质方面的知识，然而使用酶的技术还是流传了下来。在酿造中利用发芽的大麦来转化淀粉和用破碎的木瓜树叶包裹肉以使肉嫩化，是古代制备食品时使用酶的例子。

食品添加剂是指为改善食品的品质、色、香、味以及为防腐和加工工艺的需要而加入食品中的化学合成或者天然物质。从长远来看，公众对食品添加剂的安全性日益关注，从而必然导致化学合成食品添加剂的使用有逐步减少的倾向，而天然食品添加剂有不断上升的趋势。这就促进了酶法合成天然食品添加剂的研究。

酶合成工艺具有天然提取和化学合成无法比拟的优点：酶的催化活性高、产品合成速度快和产率高，酶法合成的产品纯度高、杂质少，且能获得指定构成的产品。近年来，酶在合成食品添加剂方面取得了很大的成就。例如，酶在非水相催化技术的发展中对整个食品乳化剂的研究起到了推动作用。酶变性淀粉是一种改善食品的物理性质、增加食品的黏稠性、赋予食品以润滑适口的添加剂。食品酸味剂可以给人爽快的刺激，起到增进食欲的作用，并具有一定的防腐作用，有利于钙的吸收，并对提高饮料的质量有重要意义。食品酸味剂的制备方法一般采用提取法、发酵法和化学合成法制得。

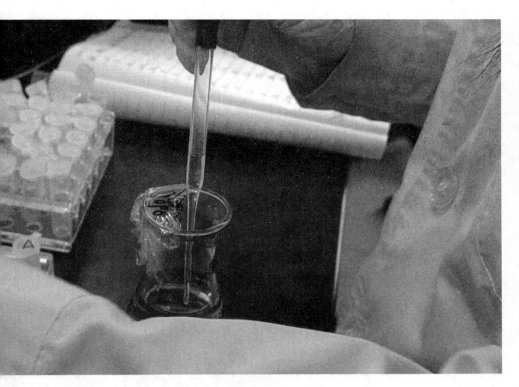

但随着固定化酶技术的发展，酶法转化工艺已成为现在国外生产酸味剂——L-苹果酸的主要方法。味精（学名谷氨酸钠）是人们最常用的第一代鲜味剂，它除了能增加食品的鲜味外，在人体内还有特殊的生理作用。作为大脑组织能源之一的谷氨酸对改善和维持脑机能是十分重要的。而随着食品工业的迅速发展和消费水平的提高，单一的味精品种已经不能适应当前鲜味剂的需求，从而导致了呈味核苷酸的大量应用，它与谷氨酸钠混合后鲜味可提高数倍至数十倍，并具有强烈的增强风味作用，从而制成了第二代鲜味剂，国外已通过固定化酶工艺生产呈味核苷酸。

随着食品添加剂种类的增多、酶工艺的发展，酶法工艺在乳化剂、增稠剂、调味剂和营养强化剂等食品添加剂上的应用会越来越广泛。

"甜" 蜜生活

甜味与我们的生活密不可分，糖主要依靠淀粉类食品在淀粉酶作用下，而生产出糊精、饴糖、麦芽糖、葡萄糖和果糖等甜味剂。葡萄糖和果糖是食用糖的主要成分，它们都是蔗糖水解的产物。蔗糖、葡萄糖和果糖都有不同的甜度，如果以蔗糖的甜度为1计算的话，那

么葡萄糖的甜度为 0.73，而果糖甜度为 1.74。就是说，果糖的甜度为葡萄糖的 2～4 倍。与食糖相比，高果糖浆具有糖度高、不易结晶、低黏度、保湿性强等优点，在制造点心和冷饮等工业中备受欢迎。

近几年来，由于高热量糖类物质的过量摄入而引起的肥胖、高血脂和龋齿等疾病已成为西方国家的一大社会问题。中国已开始注意适当的控制热量的摄入，此外人们对食用合成甜味剂糖精、甜蜜素等存在着顾虑，因此，开发新型低热能甜味剂一直是国内外食品添加剂研究中最活跃的领域。一些开发出来的新产品，已不再局限于传统的甜味剂性能，而具有了新的生理功能。例如，用酶法生产的肽味剂——天苯肽，甜味正且对人体无害，甜度约为蔗糖的 150～200 倍，热量仅相当于蔗糖的 1/200，故可防止肥胖、龋齿及糖尿病等疾病。

在食品甜味剂生产中，酶起到了关键性的作用。通过酶法转化加入以淀粉为原料的异构糖生产中，可开发出高果糖浆、果葡糖浆和高麦芽糖浆等多种产品，使甜味剂带给人们更多更新的特色，使人们生活得更加甜蜜。

淀粉、脂肪、蛋白质是人体食物的三大基本营养素。在这些营养素的消化与吸收中，各种酶的参与是必不可少的。其中淀粉的营养转化主要是淀粉酶的功劳。我们吃米饭时，如果在口腔内咀嚼时间越长，会觉得甜味越明显，这是由于米饭中的淀粉在口腔分泌出的唾液淀粉酶的作用下，水解成葡萄糖的缘故。进入胃肠后，淀粉的营养也是在淀粉酶和其他酶的作用下，将淀粉分解为葡萄糖后才能被人体吸收的。

酶在食品保鲜业中立战功

食品保鲜是食品加工、运输和保存过程中一个重要环节。其任务是尽可能地保持食品原有的优良品质和特性。人们已掌握了冷冻、加热、干燥、密封、腌制、烟熏、添加防腐剂或保鲜剂等方法。但这些技术各有各的缺点，例如加热杀菌方法灭菌效果好，但会引起食品某些营养成分的损失；添加化学防腐剂可有效地防止微生物污染，然而其或多或少都对人体健康带来某些不良影响；腌制通常会使食品失去原有风味，口感不好。随着人们对食品要求的不断提高和科学技术的不断进步，一种崭新的食品保鲜技术——酶法保鲜正在崛起，并以其鲜明的特点而引起世人的瞩目。

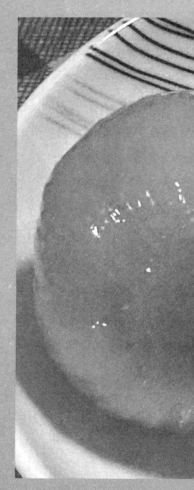

酶法保鲜技术是利用酶的催化作用，防止和消除外界因素对食品的影响，从而保持食品原有的优良品质和特性的技术。由于具有专一性强、催化效率高、作用温和等特点，被广泛运用于各种食品的保鲜。例如，我们经常见到花生、奶粉、油炸食品，它们富含油脂，易发生氧化作用，产生不良的气味和味道，降低乃至于失去其营养价值。包装食品在贮藏中变质的主要原因是氧化和褐变，许多食品的变质都与氧化有关。褐变现象除食品中糖分的醛基同蛋白质的氨基发生反应外，果蔬中含有酚氧化酶，在氧存在下也可使许多食物组成发生褐变。去氧可减少因微生物的繁殖而导致的腐败，是保藏食品的重要措施。葡萄糖氧化酶是一种理想的除氧保鲜剂，它可有效地防止氧化的发生，现已广泛应用的含葡萄糖氧化酶的吸氧保鲜袋已在各大商场出售。葡萄糖氧化酶也可直接加入罐装果汁、果酒和水果罐头中，起防止食品氧化变质的作用，并且对人体无害；另外溶菌酶可有效地防止细菌对食品的污染。

酶在饲料工业中作用非凡

饲料是家养动物的粮食，现代化农业中，工业化生产的高品质饲料是保证禽畜健康成长和产生高质量肉、蛋、奶所不可缺少的物质。饲料的品种、质量营养等指标较以前有很大改善，高效的饲养业需要价格合理、营养全面、适用于不同种类禽畜和不同生长阶段的系列配合饲料。

世界上饲料用酶达 20 多种，配合饲料中的酶添加剂在世界各国普遍应用。应用饲料添加剂的主要目标是提高动物的营养利用水平，以及补充足够的营养。动物对饲料成分的消化吸收能力决定于消化道内的酶的种类和活力。用于饲料的酶都是水解酶，而且直接加入饲料中。例如单胃动物消化道内的内源消化酶分泌不足，所以利用生物技术生产的外源酶制剂加入对增强动物消化功能，改善饲料资源范围，改善养殖生态环境都具有重要意义。目前在饲料中添加的酶制剂都是由微生物生产的，这些酶在动物体温条件下作用良好，

耐得住胃酸，并在 pH 近中性的小肠中发挥最大功效。此外针对某些饲料中的抗营养因子，又专门开发了相关的酶。如 1991 年 Simons 等公司首次在猪饲料中添加用微生物合成的植酸酶，取得令人满意的效果。在猪、鸡口粮中添加植酸酶试剂，可使植酸中的磷释放出来，使植酸磷消化率提高 60% ～ 70%。这样既可减少外加无机酸盐，又可减少粪便磷的排放量，从而减轻对环境的污染。小麦在澳大利亚、加拿大和英国的饲料中用量高达 60%。在这些饲料中，木聚糖酶应用很普遍，它的添加可使肉鸡的代谢能增重，饲料的转化率、蛋白质消化率、脂肪消化率及粪便均得到改善。

近年来，饲料行业出现个新名词——生态饲料。它是指围绕解决畜产品公害和减轻畜禽粪便对环境的污染问题，从饲料原料的选购、配方设计、加工饲喂等过程，进行严格质量控制和实施动物营养系统调控，以改变、控制可能发生的畜产品公害和环境污染，使饲料达到低成本、高效益、低污染的效果的饲料。

酶在纺织工业中结硕果

当人们穿上质地柔软、色泽光洁、染色鲜艳、美丽大方的衣服的时候，你是否想到这五彩缤纷的颜色是怎么得来的呢？它要经过染色、退浆等重要工序，而这些工序都离不开酶的作用。

棉、人造棉、人造丝等在制成成品时，需要上浆、退浆等工序，过去所用的浆料多是小麦淀粉，退浆用碱成本高，产品质量差。利用酶法上浆、退浆就可以克服这些缺点。酶法退浆适用于棉布、人造棉、维尼龙和黏胶纤维等混纺织物的加工。近几年来，丝绸织物因其柔软、体感舒服而受到广大消费者的欢迎，但其加工跟棉纤维和人造纤维不同，需要脱除丝纤维外包裹的可溶性的丝胶蛋白，以显示特有的光泽和柔滑，并提高染色性能。旧的脱胶方法用温水或

肥皂水煮，结果造成脱胶不净，现在采用较温和的酶解法，只要在中性条件下 45℃浸泡 0.5 ～ 1 小时即可完成，此法比皂碱工艺简单，节省蒸汽及化学药品。毛织品若不经处理，水洗后便发生收缩毡化不能再穿，必须进行防缩防毡化处理，洗后才能保持原状。过去用无机物处理，造成环境污染，目前采用蛋白酶处理毛织品，可改变羊毛结构，还可防毡、防缩，并可进行低温染色，提高染色率，减少污水，改善毛织物手感和观感。都市的人们越来越喜爱休闲系列服饰，牛仔系列更受国内外各阶层人们的青睐，传统的制作工艺是把靛蓝染色过的粗布进行打磨使其变软。这不仅费工、费时，而且还会磨损布料。现在，利用酶法加工的牛仔服，色泽适合、织物柔软吸湿透气性较好，棉布的重量减轻 3% ～ 5%，使牛仔服饰已成为高档品。

用酶法处理的纺织工艺，不但效率高、能耗低，而且加工过的织物具有损伤少、光洁、柔软、染色均匀光亮的特点。

酶在制革中的应用

我们在琳琅满目的商店里挑选自己所喜欢的皮衣、皮鞋、皮包等皮制品时，会惊叹现在的制革行业的迅速发展，为广大消费者提供种类繁多、质地柔软、手感细腻的皮制品。惊叹之余，你是否把那些猪、羊、牛、马等生皮和商场里的皮制品联系起来？是否想到它们是怎样制造出来的？

在了解制革原理之前，我们来看一看动物的皮层组织结构。从动物体上剥下的皮，在皮革工业中称为"生皮"，生皮是由上皮组织和结缔组织组成。上皮组织包括表皮、脂腺及汗腺；结缔组织包括真皮和皮下组织。此外，动物皮的表面还覆盖着毛被，毛是表皮的衍生物。在原料皮制成革之前，要先除去皮下脂肪、表皮及毛。真皮位于表皮和皮下脂肪组织之间，皮革就是用原料皮的真皮层制成的。

制革是古老的生产工艺，在皮革生产的准备阶段，要经历一系列化学、物理化学及机械的作用。其中最主要的工序为浸水、脱毛、浸灰及软化。过去完成这些工序需要用强碱、硫化碱、狗粪、鸡粪（因含有微生物产生的酶）等来加工，这样一来不仅耗用大量的碱，而且用动物粪软化皮革，会造成皮革的腐烂，排出的污水又造成环境污染。另外，由于这些用料的使用，使工厂

的卫生条件很差，影响工人的健康。现在改用酶来处理这些工序，就可以避免上述情况发生。用酶可以加速制革原干皮的充水，使皮革膨胀均匀。用酶脱毛和软化皮革，会使皮革具有粒面皱缩减小、柔软度增加、毛眼平整和残毛量少等特点。总之，用酶法加工的皮革具有膨松、质软、透气、防潮、防水等良好性能。

化学工业的新伙伴

化学工业又称化学加工工业，泛指生产过程中化学方法占主要地位的过程工业。包括基本化学工业和塑料、合成纤维、石油、橡胶、药剂、染料工业等。传统的化学工业往往与环境污染相关联。化工厂集中的地方，一般环境遭受破坏的程度就严重。许多城市的点源污染严重区与化工厂分布位置高度吻合。工业生物技术则是实现化工绿色制造最可能的关键技术。

高能耗、高污染的化学工业更注重生物技术利用的潜能挖掘。随着微生物酶技术的发展，特别是对酶的遗传改造功能的不断挖掘，用酶转化大规模生产有机化工产品已成为一个新型的领域。

生物催化剂通常用于制备高附加值的精细化工产品。固定化酶和固定含酶的细胞能够在化工产品转化生产中发挥高效作用。现代酶工程技术的参与将使有关工业领域的生产成本大大降低，生产面貌大为改观。如聚丙烯酰胺是水溶性凝胶，广泛用于木材、纸张处理、土壤改良及配制絮凝剂、黏合剂和涂料等。用丙烯腈做原料生产丙烯酰胺，需要昂贵的无机催化剂，并在80℃～140℃下反应，反应中产生有毒的副产物。用含腈水合酶的固定化球休止细胞做催化剂，在2℃～4℃就可反应，反应的转化率可达100%。这种高效、经济又简单的新工艺是生物技术应用与石油化工产品加工在工业上大规模制造化工品的实例之一。

89

环境保护的得力卫士

    随着人口的增长，工业化进程的加快及人民生活水平的提高，人类面临着环境污染的蔓延和生态环境的恶化这一巨大环境问题的挑战。发展中国家传统农业广泛地使用各种广谱杀虫剂和化肥，以获得农业的高产稳产，这些杀虫剂在杀死害虫同时也造成环境的污染。

    全世界每年至少要花掉几十亿美元用于处理有机磷杀虫剂和神经毒剂。常规处理方法是燃烧和漂洗，但存在成本高、脱毒不彻底等缺陷。使用生物催化剂对有机磷降解取得令人瞩目的成就。从假单胞杆菌取得的磷酸酯酶固定到一种泡沫上已用于野外原地降解有机磷毒剂和杀虫剂。磷酸酯酶能降解空气和乳浊液中的毒剂，还可做清洗剂。

伴随着工业的发展，冶金工业、煤气、炼焦、化工等工厂都排放出大量的含酚废水。美国已制成一种新型分析装置，能用酚氧化酶检测出非常小的酚浓度，利用胆碱酯酶可检出空气或水中的微量有机磷。在国外生物处理法较流行，已达到商业化应用。人们利用活性淤泥中的微生物和酶制定出固定化催化剂用于处理工业污水。如处理含氰废水用生物酶法和生物池法。用脂肪酶、蛋白酶和纤维素酶处理屠宰厂、果汁压榨厂和植物油厂的废料和废水，可防止水体的富氧化，并可疏通废水污垢积聚所造成的下水道阻塞。酶在处理来自石油污染物方面也起到了良好作用。美国已推出用 20 多种细菌和真菌酶制成的混合酶制剂来增强土壤微生物的活力，改善降解烃污染的效果。塑料给人类带来巨大方便的同时，也带来了白色污染，人们正利用化学修饰和生物工程等新方法、新手段和新观念处理利用废塑料，达到资源化目的。

目前，城市垃圾处理经常采用的方式之一是垃圾场填埋处理。在防渗、防漏、防二次污染等方面进行设计施工后，被填埋垃圾的分解主要靠微生物和酶的参与下的自然分解，副产品沼气还可以作为能源利用。只要防渗、防漏工程过关，在足够长的时间内，各种微生物将能够把大部分垃圾分解消化。

随着人们对环境质量要求的提高和环保投入的加强，高效、简便、低价的生物催化治理污染技术配套装置必定以新型的产业面貌出现，并将得到迅速发展。

用之不竭的生物能

随着世界能源消耗的急剧增长，人类过度的开采，加之地球上这些物质蕴藏量的有限性，出现了所谓能源危机。有人估计按目前的消耗速度，加上增长等因素，不过几十年，这些已发现的燃料即将消耗殆尽，取而代之的是用之不竭的生物能。目前，世界上所用动力的95%以上都间接来自太阳能。来自太阳的能量相当丰富，每天每两平方千米的地表从太阳接受的能量就相当于一个小型原子弹爆炸时释放的能量。人类终究能学会把这种能量转化成较稳定的形式，这也是农业工程所要研究的课题之一。

绿色植物利用太阳能进行光合作用，不仅为生物提供了食物（能量），而且世界上工业生产的主要动力能源如石油、煤炭、天然气等也都是古代生物变成的。地球上取之不尽的生物能来源于绿色植物的纤维素，植物纤维素的利用离不开酶。

植物纤维素是地球上最丰富的而且是可再生的资源。太阳每年辐射到地球上的光能，有1%被绿色植物通过光合作用形成纤维素和其他有机物而储存起来。据估计，地球上绿色植物每年大约能生产出40亿吨的纤维素。要充分利用这些纤维素，就需要大量的纤维素酶。纤维素酶在自然界里分布很广，细菌、真菌、某些无脊椎动物和高等动物的胃里都有。如果能充分利用纤维素酶，几十亿吨的植物纤维素将有一半转化为酒精，等于找到一个特大的油田。从含淀粉、糖、纤维素和木质素的植物物质中，用生物技术生产的"绿色石油"——燃料酒精的技术各国正在采用。

生物技术开辟了高效、节能、污染少的最佳途径，现在科学家

们正在探索既具有很强纤维素酶能力，又具有发酵酒精能力的新基因工程菌。选用高产、耐热和能分解的植物纤维素的新菌种，已经成为微生物学家面临的迫切任务。

　　森林能源、农作物秸秆、禽畜粪便和生活垃圾都是可以利用的生物质能。森林能源是森林生长和林业生产过程提供的生物质能，主要是薪材，也包括森林工业的一些残留物等。在丘陵、山区、林区，农村生活用能的 50% 以上靠森林能源；农作物秸秆是农业生产的副产品，也是我国农村的传统燃料，但大多处于低效利用方式即直接在柴灶上燃烧，其转换效率仅为 10% ～ 20%；禽畜粪便也是一种重要的生物质能源，除在牧区有少量的直接燃烧外，禽畜粪便主要是作为沼气的发酵原料；城镇生活垃圾成分比较复杂。

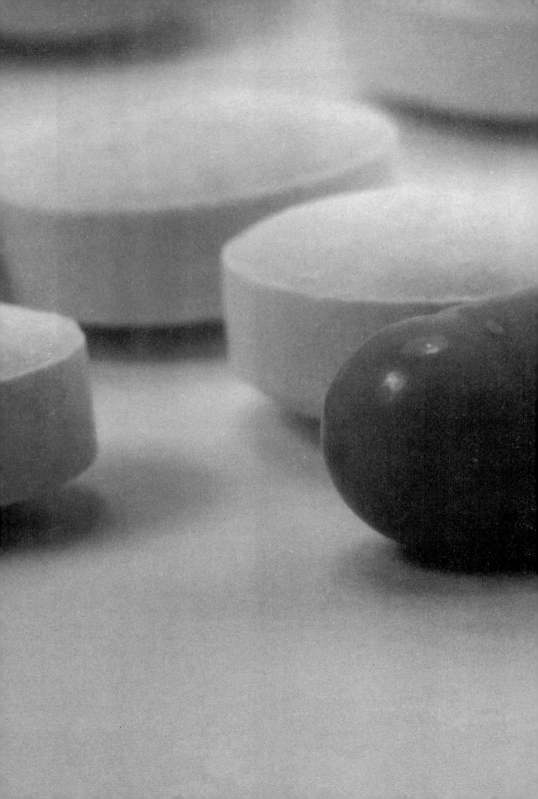

第四章
基因工程应用

无数科学家的研究发现，尽管基因不能决定一切，但几乎所有的疾病的内因都是基因。基因是人体衰老和生病的"罪魁祸首"。

基因疗法

基因治疗是指将人的正常基因或有治疗作用的基因通过一定方式导入人体目的细胞以纠正基因缺陷或者发挥治疗作用，从而达到治疗疾病目的，也被称为"分子外科"。简而言之，用基因治病就叫基因治疗。基因治疗的结果就像给基因做了一次手术，治病治根。目前，已发现的遗传病有6000多种，其中由单基因缺陷引起的就有3000多种。因此，遗传病是基因治疗的主要对象。

基因治疗的目的细胞分为体细胞和生殖细胞。目前开展的基因治疗主要是体细胞，它不改变病人已有基因缺陷的遗传特性，是当前基因治疗研究的主流，技术上具有较好的可操作性；而生殖细胞基因治疗，是在患者的性细胞中进行操作，使其后代降低得这种遗

传疾病的概率。

　　值得提出的是，各种基因治疗方法目前都还处于初期的临床试验阶段，在稳定性和安全性上，还没有十分的把握，这是当前基因治疗的现状。由于基因治疗在技术上的难度与复杂性，目前在决定是否采用基因治疗时通常遵循"优后原则"。所谓优后原则，即为某种疾病在所有疗法都无效或微效时，才考虑使用基因治疗。因而基因疗法也被一些人称为"最后的治疗"。遵循"优后原则"，目前基因治疗的主要病种为恶性肿瘤、神经系统疾病、遗传病、感染性疾病（如艾滋病）和心脑血管病等。

　　随着基因疗法研究的深入，体外基因治疗会更完善，体内基因治疗会发现更容易和更好的传递基因进入体内的办法。基因的安全性问题会有更正确的认识，相关的伦理与法律问题也会得到较好的解决。

基因疗法展望

21 世纪将是生物世纪，而生物的核心是基因。基因治疗的兴起和人类基因组计划的全面实施已有力地说明了这一点。著名遗传学家谈家桢教授高瞻远瞩地指出："21 世纪的医疗革命将取决于基因治疗研究的成功。"在华盛顿美国国家历史博物馆内，有一幅基因研究发展里程碑的记载图，清楚地显示着：基因治疗是当今基因生物技术的重要里程碑。

早在 1968 年，美国科学家布莱泽就首次提出了基因疗法的概念，早期基因疗法的概念比较局限，仅指对遗传缺失基因的修复，主要用于单基因遗传病的治疗。

虽然单基因遗传病是基因疗法的最佳候选者，但是疾病的产生往往是基因、环境和行为因素共同作用的结果，只有少数情况可以找到明确的致病基因并设计出针对性的基因疗法。除了单基因遗传病以外，染色体病和多基因的发病机理更为复杂，涉及的基因异常更多。现在已经开始有越来越多的证据显示，许多疾病都有多基因遗传的基础，如高血压、糖尿病、类风湿性关节炎等。对于这类复杂疾病，只有遗传度越高、涉及的基因越少，针对缺陷或致病基因的基因疗法才越有可能取得预期的效果。

基因疗法首次提出了将遗传物质导入体内来治疗人类疾病的概念。一方面，它的实现将为医学带来革命性的进步；另一方面，基因疗法无论从技术上还是伦理学上都涉及许多新概念、新问题和新挑战。基因转移技术不同于一般的新药应用，它被认为是充满着很大希望，但同时又潜藏着很大风险的现代生物治疗技术。很多专家都认为：基因疗法并不是一种低风险或绝对安全的治疗方法，特别是对临床基因疗法而言，安全性显得尤为重要。

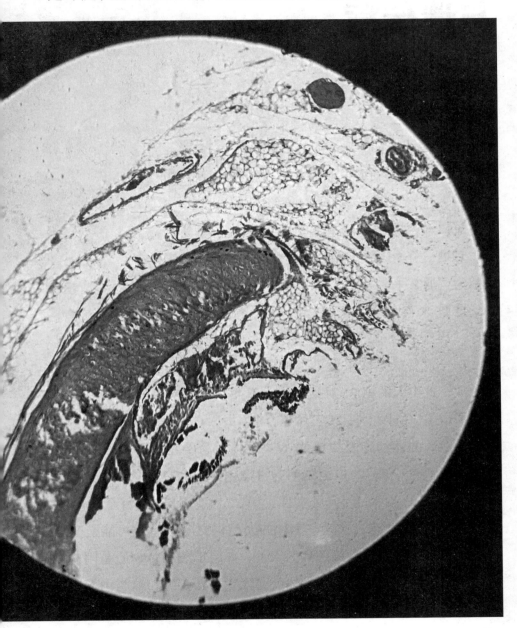

染色体异常与遗传病

在日常生活中，我们会见到一种人：他们面容呆板，眼睛离得很远，鼻梁扁平，舌头外伸，手指短，小拇指向内弯曲，第二指节短小或根本没有，智力低下，说话发音不清楚，有的很大年龄还流口水。如果看一下这种人的手掌，会发现有一条相通的掌纹，人们叫这种手掌为"通掌手"。

这种人得的就是"先天愚型"病或称"唐氏综合征"。这是一种什么病呢？——遗传病。如果做染色体检查则会发现，这类人的第21对染色体比正常人多了一条，所以也叫21三体综合征。

正常人的体细胞内共有23对染色体，为研究方便，对23对染色体进行了统一编号。1～22对为常染色体，第23对为性染色体。对男性，第23对为XY，对女性，第23对为XX。在每个人的23对染色体中，一半来自父亲（其中性染色体可能是X，也可能是Y），一半来自母亲（其中性染色体为X）。如果承载遗传物质基因的染色体结构、数目发生异常，人体就会发生遗传疾病，这与由基因异常导致的遗传病是一样的。

　　如果承载基因的染色体内部结构发生了变化，也可能得遗传病。例如，有一种病叫视网膜母细胞瘤，就是人的第 13 号染色体发生了结构缺失而导致患病的。

　　按照孟德尔遗传规律，遗传基因分显性基因和隐性基因。如果患病基因是显性，那么，父亲或母亲是遗传病患者，孩子就可能患病。这种患者家系中，往往几代人同患一种病。但是，如患病基因是隐性基因，父母一方患病，孩子可能不患病。但如果父母虽然都不患病，却都是患病基因携带者，孩子也可能患病。

基因工程药物
——人工胰岛素

胰岛素是一种内分泌激素，它在人体中作用很大。当人体血液中葡萄糖浓度升高时，胰岛素的分泌就会加强，使葡萄糖转化为肝糖原，贮藏在肝脏中。这样，人的血液中葡萄糖浓度就会总维持在一个稳定的水平。

如果胰岛素不能随血液中葡萄糖浓度增加而增加分泌或分泌不正常，这就得了糖尿病。糖尿病是一种慢性病，目前还没有很好的治疗方法，目前经常使用的方法之一就是注射胰岛素。

过去，注射用胰岛素是从动物如猪、牛、羊等动物胰腺中提取的。由于产量低，价格很高。而且有些病人注射动物胰岛素后，还会出现一些排斥等不良反应。1965 年，中国在世界上首次成功合成了人工胰岛素。这也是世界上第一个蛋白质的全合成。这一成果促进了生命科学的发展，开辟了人工合成蛋白质的时代。这项工作的完成，被认为

是 20 世纪 60 年代多肽和蛋白质合成领域最重要的成就，极大地提高了我们国家的科学声誉，对我国在蛋白质和多肽合成方面的研究起了积极的推动作用。人工胰岛素的合成，标志着人类在认识生命，探索生命奥秘的征途中，迈出了关键性的一步，产生了巨大的意义与影响。

基因工程药物——干扰素

干扰素是一种细胞因子，它是机体感染病毒时，宿主细胞通过抗病毒反应机制，而产生的一组结构类似、功能相近的低分子糖蛋白。干扰素是 1957 年两位英国科学家首次发现的。

世界卫生组织将干扰素按抗原性不同分为 α、β 和 γ 三类。α-干扰素具有三大功能：（1）抗病毒作用。这是干扰素最重要和应用最广的作用。干扰素通过抑制病毒复制和调节机体免疫功能，从而发挥抗病毒作用。α-干扰素是迄今为止治疗慢性乙肝的首选抗病毒药物，是治疗丙肝的唯一有效抗病毒药物。并且对其他多种病毒感染也有效。（2）抗肿瘤作用。（3）免疫调节作用。

通过先进的基因工程重组技术，可以在人体外大规模生产人工干扰素。基因工程 α-干扰素是从人细胞中克隆出 α-干扰素基因，将此基因与大肠杆菌表达载体连接物构成重组表达质粒，然后转化到大肠杆菌中，从而获得高效表达的 α-干扰素蛋白的工程菌。工程菌经发酵后可收集到大量菌体，将菌体破裂，把 α-干扰素蛋白从菌体中分离、纯化，即得到高纯度的人基因工程 α-干扰素。基因工程 α-干扰素与血源性干扰素相比，具有无污染、安全性高、纯度高、成本低、疗效确切、适合产业化生产等优点。

1989 年，中国成功研制出第一个采用中国人基因克隆和表达的 α-1b 干扰素。它比国外产品或仿制品有两个明显优点：毒副作用低和长期应用后产生中和抗体的比率较低。1992 年，α-1b 试生产，并获得国家 I 类新药证书，这是卫生部批准生产的第一个基因工程药物。

此外，基因药物白介素的生产技术也与干扰素基本相同。

目前所用的干扰素，不论是纯化的天然干扰素，还是以 DNA 重组技术产生的干扰素，均有一定毒性，临床使用时常可造成白细胞减少、贫血、头痛、发热、肝功能异常、中枢神经系统中毒等症状，使用时一定要在医生指导下使用，并注意观察。

动物乳腺反应器

对绵羊、山羊、奶牛等进行转基因研究，大多集中于利用其乳腺作为生物反应器来生产药用蛋白。

虽然利用大肠杆菌等生产胰岛素、干扰素等技术已经很成熟，但由于细菌不能分泌蛋白质，考虑到动物乳腺的机制，利用动物乳腺得到复杂的蛋白质分泌是最可行的。利用动物乳腺最早是在转基因鼠中表达的药用蛋白质，包括人生长激素、组织纤溶酶原激活剂等，但由于产量低和食用鼠乳的心理问题，没有进行大量开发。后来则主要将研究集中在羊、兔、牛等转基因动物上。

动物乳腺反应器是把转基因动物乳腺作为生产工具，生产稀有和昂贵的医用和农用药物蛋白等生物制品。其生产成本低，产品纯度高，经济效益好，一头奶牛就是一个药物工厂，有着极高的商业应用价值。在乳腺反应器研究应用中尚存在一些待解决的问题：（1）转基因动物的成功率低。（2）目的蛋白的表达水平远低于乳汁中总蛋白含量。（3）目的基因的分离、改造、载体构建、体细胞克隆等技术环节还不够成熟。（4）乳汁蛋白基因表达调控机理等还未弄清。（5）产品的安全性的问题。外源基因侵入对动物和基因药物对人体正常功能有何影响，是否会造成基因污染，尚难定论。

世界首例转基因动物

小白鼠，虽然不怎么讨人喜欢，但很久以来却一直作为医学研究的对象而为人类做出了巨大的贡献。自基因工程诞生后，在基因组上作为人类近亲的小白鼠又充当了第一个动物转基因试验的对象。

1982 年，美国华盛顿大学和宾夕法尼亚大学的科学家，将大鼠的生长激素基因和小白鼠的 MT 启动基因组成重组体，然后把这个重组体用显微注射法注射到小白鼠的受精卵中，再把受精卵移植到借腹怀胎的另一只小白鼠子宫内。结果发现，生下来的小白鼠平均生长速度比普通小白鼠快 50%，最后的身体是普通小白鼠的 1.8 倍。科学家把这些转基因小白鼠称为"超级小鼠"。

"超级小鼠"的成功打破了自然繁殖中的种间隔离，使基因能在种系关系很远的机体间流动，它将对整个生命科学产生全局性影响。因此，转基因动物技术在 1991 年第一次国际基因定位会议上被公认是遗传学中继连锁分析、体细胞遗传和基因克隆之后的第四代技术，被列为生物学发展史上一个重要的转折点。

自第一例转基因鼠后，截至目前，科学家已培育了羊、牛、猴、兔、鸡等大量转基因动物用于人类疾病或其他方面的研究，其中包括改变、删除或在实验动物体内植入其他动物基因，以改变其特性等，这实际上属于选择育种。实际上，数千年来人类培育新的动物品种，就是在用"非技术"的方式改变动物的基因。因此，转基因动物并非一些人想象的那样可怕。

目前，对转基因动物研究比较多的是转基因动物的生物反应器功能。实验室研究已经能从动物乳汁中提取多种蛋白质成分用于医学研究。

器官移植的希望
——转基因动物

2000 年 3 月 14 日，曾经克隆了多莉羊的英国 PPL 公司自豪地宣布，他们采用"基因敲除"技术已经有了 5 头转基因克隆猪。这是继 1992 年首次转基因猪成功后的又一突破。在 PPL 宣布成果后不久，又有一家美国公司也声称克隆出了基因改造猪。而留美的赖良学博士与美国密苏里大学的颇拉泽教授等，采用基因敲除技术在 2001 年 9 月和 10 月也先后培育出 7 只不带"排斥基因"的克隆猪。除 4 头死亡外，存活下来 3 头。

PPL 称，转基因猪除了为糖尿病患者提供胰岛素等应用外，还可以解决捐赠器官不足的问题。这 5 只基因小猪，去除了一个引发人体排斥的基因（一对中的一个），人体移植猪器官的可行性大大增加。

为什么选择猪作为人体器官移植的供者呢？猪的器官的大小与人的相似，猪的生理也与人有很大的相似处。另外，对猪基因的研究也发现，它与人的基因差距不大。更重要的是可以避免不少伦理问题。而且早在 20 世纪 70 年代，猪的胰岛素产品就广泛应用于人了。

利用基因工程技术，对动物进行不含排斥基因的改造，将为人体的动物器官移植打开新的希望。在技术上的完善、潜在的非人体病毒的感染、道义问题等解决后，据专家分析，动物器官移植前景是光明的。

水稻基因组序列草图

锦绣般的中国云南红河哈尼梯田，成为 2002 年 4 月 5 日出版的美国《科学》杂志的封面。这份世界权威学术期刊，以封面文章形式和 14 页显著篇幅，登出中国科学家绘出水稻基因组工作框架图的历史性论文。

《科学》杂志在社论中指出："这是一篇开创性的论文，对人类的健康与生存具有全球性的影响，我们对作者对科学和人类的里程碑性的贡献表示热烈的祝贺！"

这篇论文是由中国科学家独立完成的一项世界级研究成果，它标志着在基因组学这一生命科学前沿领域，中国已部分具备世界领先的实力。"毫无疑问，中国基因组学研究已达到世界水平"，《科学》杂志总编、美国国家科学院院士肯尼迪说。

同年 11 月 21 日，英国著名的《自然》杂志的封面上又出现了沉甸甸的水稻稻穗，以"水稻基因染色体一号和四号冲破了终点线"为封面要目，同时发表了中国科学家完成的第四号染色体精确测序和日本科学家完成的第一号染色体精确测序的论文。《自然》杂志审稿人认为，这两篇论文"是紧接着水稻基因组草图完成后水稻基因组测序项目里程碑性的事件"。

杨焕明等来自北京华大基因研究中心和其他各地共 11 家中国研究机构近百名研究人员，在题为《水稻基因组序列草图》的论文中宣布，他们采用全基因组鸟枪测序法，以中国和亚太地区主要水稻栽培亚种籼稻为对象，完成了对水稻基因组序列草图的测定和初步分析。

覆盖整个水稻基因组92%的草图显示，籼稻基因组共包含4.66亿个碱基对，基因数目在4.6万～5.6万之间。他们还发现，籼稻基因组有约70%以上的基因出现重复现象。研究人员认为，较小基因的大量重复，可能是植物适应性进化所需蛋白质多样性的原因，这也许可以解释水稻基因为何这么多。

2002年12月12日，中国科学院、国家科技部、国家发展计划委员会和国家自然基金会联合举行新闻发布会，宣布中国水稻（籼稻）基因组"精细图"已经完成。

专家们指出，水稻是全球半数以上人口的主食，它作为第一个农作物完成基因组测序对解决全球粮食问题具有重要意义。目前国际上还有其他一些水稻基因组测序计划，但中国科学家第一个将完整的基因组草图序列向公共数据库公开，为世界科学事业做出了自己的独特贡献。《科学》杂志总编肯尼迪认为，从近期应用和改进人类福利方面来说，水稻基因组草图也许会被证明比人类基因组草图还要有意义。

转基因羊与克隆羊的区别

1996 年 10 月，上海医学遗传研究所传出捷报：中国已获得 5 只转基因山羊。其中一只奶山羊的乳汁中含有可治疗血友病的凝血因子。

几只转基因羊的出现，为什么会引起轰动？转基因羊和克隆羊

么区别？

地说，克隆羊使用的是未受精的卵细胞，卵细胞内的细胞
源的。转基因羊用的是受精胚胎；前者突破了有性繁殖的框
仍然是靠两性繁殖所得到的卵细胞；前者是"复制"原动物
隆的羊与原来的动物是姊妹兄弟的关系，而且不含异性的
传物质，后者是动物体获得外源基因并通过有性繁殖把它遗
代，不是复制自身；从对基因操作水平上，如果把前者看成
分子尺度上的操作，则转基因可理解为原子水平上的操
作。广义上，克隆也可以看成是转基因，只不过是整体
基因组的转移。而后者是部分或一个基因的转移。

从经济实用的角度说，转基因羊的价值要比克隆羊
的价值大得多，起码在可预见的将来，这种状况是不会
改变的。

到目前为止，转基因动物的数量还是极为有限。自
1982 年第一只转基因动物"超级小鼠"诞生以来，转基
因动物的批量繁殖仍未实现，采用常用方法"显微注射法"
把外源基因注入受精卵的受孕率一般都很低。

转基因羊的研究成功，意味着我们可以从它的乳腺
里分泌出的乳汁中，源源不断地取得人类所需要的基因
产物。那么，如何来扩建这座工厂呢？这就是转基因羊
本身的繁殖问题。

有两条途径可供选择，一是有性繁殖，即转基因羊
与普通羊交配，后代中将有一半是转基因羊。二是体细
胞克隆法，也就是多利的诞生之道，这就是转基因克隆羊。
它保证了转基因羊的高效复制。

植物生物反应器

植物生物反应器是指以植物（或悬浮细胞培养）工厂化大量生产具有重要功能的蛋白，如疫苗、抗体、重要的氨基酸、食品添加剂或工业生产辅助原料。由于天然植物作为生物反应器效果上多数不理想，人们便将目光转向了转基因植物。利用转基因技术，将特定的目的基因转入植物，可能使植物作为生物反应器，使特定的蛋白高效表达。

从 1990 年第一例利用植物转基因表达系统生产口服疫苗问世以来，已有多种疫苗和蛋白在转基因植物中得到成功表达。日本曾把从大豆芽中分离的铁蛋白基因转入稻米中，结果使稻米中铁的含量提高了 3 倍。中国农业科学院等在 863 计划资助下，成功地将乙型肝炎病毒表面抗原基因导入马铃薯和番茄，经饲喂小鼠试验检测到较高的保护性抗体，浓度足以对人类产生保护作用。该院还进行了利用植物叶绿体作为生物反应器生产药用蛋白的探索，目前已将丙肝病毒抗原基因导入衣藻叶绿体。利用转基因植物生产口服疫苗可以大大降低疫苗的生产成本，在发展中国家更有良好的发展前景。此外，我国利用转基因油菜和甘蓝生产植酸酶，利用植物生物反应器进行雪莲细胞连续培养研究等均取得一定进展。

植物生物反应器将是植物基因工程发展方向之一。利用植物生产口服疫苗、工业用酶、脂肪酸、药物等已成为人们关注的热点。用植物反应器生产疫苗蛋白，次生物既无公害又无污染。此外，与动物生物反应器相比，使用植物生物反应器还可以避免疾病的交叉传染。此外，可以用植物生物反应器来制造生物塑料的底物多羟基丁酸，从而最终避免目前所谓的"白色污染"问题。植物生物反应器的研究使农业概念延伸到了工业和医药领域。

美国著名的孟山都公司已经培育出一种转基因玉米，每 1 万平方米玉米可以产生 3.7 千克达到药用蛋白标准的人类抗体。该公司还在种植一种转基因大豆，这种大豆可以生产针对单纯疱疹病毒 2（HSV-2）的人源化抗体，这种抗体的动物试验表明，它可以阻止 HSV-2 在小鼠阴道内的传播。植物来源的抗体在体外的稳定性和体内的生物活性与动物细胞培养来源的抗体是相同的，利用它将开发出一种低成本的治疗方法来防治某些由性传播的疾病。

转基因花卉让世界更艳丽

与转基因粮食、蔬菜等相比，花卉植物的转基因产品更易投放市场，实现产业化。因此，在过去十几年中，利用现代生物技术培育花卉品种的研究开展得较为广泛，并取得了巨大成功。

在对花卉进行转基因改造方面，主要研究集中在改变花卉颜色、形态、香味三个方面。此外，在抗病虫害、保鲜及品质改良等方面也是转基因花卉研究和应用的重要内容。

改变花色一直是转基因花卉研究最为热门的内容。1987 年，有人将一种合成的基因导入矮牵牛，使其产生新的颜色——砖红色，首次实现了对花色的调控。国外一家公司发现月季不能呈现蓝色是由于自身不含编码蓝色素基因。该公司将分离的相关基因导入矮牵牛、月季、康乃馨、菊花等，均得到理想结果。

花卉形态对花卉植物的经济价值有着决定性影响。德国研究人员曾将一种基因导入蔷薇，结果使植株枝数和花数大幅度提高。现在，人们已能通过基因工程技术将花朵由不辐射对称转化为对称，雄蕊转换为花瓣，心皮转为萼片，萼片转为叶片等。这一系列进展为利用基因工程手段修饰花卉的形态打下了良好的基础。

香味在人类生活中的作用越来越重要，

其应用价值也极大。由于芳香物质比花色素的代谢过程和种类更为复杂，因而花卉香味基因工程研究进展较慢。研究已经发现受野生农杆菌侵染的柠檬天竺葵，其芳香物质比对照植株增加了 3 ～ 4 倍不等，这一结果为花卉香味的基因工程提供了一条途径和参照。

在延长花的保鲜期方面，人们已经找到了几种酶基因在这方面有参考意义。在控制开花时间上，将植物开花调控基因导入花卉植物已经取得一定进展。

目前，转基因花卉研究仍大多数局限于矮牵牛、月季、菊花、康乃馨等品种。展望基因改造花卉前景，转基因花卉将带给我们一个更艳丽的五彩缤纷世界。

美化生活的转基因观赏鱼

中国是转基因鱼研究最早的国家。
10多年来，转基因鱼研究虽然有了很大进展，目前已经有两种转基因鲤鱼投入生物安全性评价研究，但国内外至今尚无商业性生产的事例，虽有个别宣传性报道说，转基因鲑在苏格兰和爱尔兰已大量生产，在美国已开始养殖，但未见有科学报道。

个别转基因鱼品种在技术上虽然已经比较成熟，但普遍意义上仍存在一定问题。如在外源基因导入上随机性大，目的基因和基因定点尚不能预先精确设定，整合率和表达率低；目的基因导入后在受体鱼中的表达随机，优良性状不稳定，产出的转基因鱼畸形多；转基因鱼的正常生长、成熟及繁殖，所转移的基因在后代中有效地遗传及建立起有效的繁育群体等仍不完善。

此外，更重要的是转基因鱼应用的安全问题。转基因鱼释放的安全问题已受到各国政府和人民的广泛关注。在没有证实转基因鱼应用的安全性以前，转基因鱼商品化就不会得到批准。而这方面各国政府又都非常重视，特别是近几年来媒体的广泛报道更加剧了社会对转基因的关注。在没有充分的研究、论证情况下，转基因鱼商

品化恐怕还要等待一段时间。

　　然而，各国政府对待转基因生物的态度一般是有针对性地区别对待的。比如，对待植物比动物要宽松，对待动物比对人体自身要宽松，对待观赏花卉要比对待食用作物宽松等。在对待转基因鱼问题上，对待室内养殖的观赏鱼要比对待自然放养的食用鱼宽松。这是因为室内养殖的观赏鱼只要注意防范，不会对自然环境中的鱼产生影响。观赏鱼不食用，不会对人体产生任何影响。因此，即使在转基因过程中存在一些问题，也无关大局。

发展中的 DNA 生物计算机

CPU 集成电路是目前电子计算机的核心部分。要提高计算机的工作速度和存储量，关键是实现更高的集成度。传统计算机的芯片用半导体材料制成，这在当时是最佳的选择。但随着集成度的提高，它的弱点也日益显现出来。尽管随着工艺的改进，集成电路的规模已越来越大，但在单位面积上容纳的元件数是有限的，在 1 毫米见方的硅片上最多不能超过 25 万个。并且它的集成规模受散热、防漏电等因素制约，现在的半导体芯片发展差不多已达到理论上的极限。

近几年来，利用遗传物质 DNA 分子中蕴含的计算能力，开发具有强大功能的 DNA 计算机，成为计算机科学家和生物学家的梦想。自 1994 年埃德曼用 DNA 分子解决了电子计算机原则上不能解决的"邮递员问题"以来，揭开了 DNA 计算机研究的新纪元。2001 年由以色列魏茨曼研究所首先完成的基于 DNA 分子的自动机模型被评选为当年的国际十大新闻，并入选为世界上最小生物计算机的吉尼斯纪录。近几年来关于此类的国际竞争的热度在不断升温，如果 DNA 代表生命科学，计算机代表信息科学，DNA 计算机这个典型的交叉课题或许是后基因组时代生命学科与信息学科大融合、大碰撞的一个缩影。

基因指纹用于破案

大家知道，在现代侦破手段中，利用指纹寻找罪犯，捉拿凶手，是非常有效的。这是因为世界上几乎没有两个人的指纹是完全相同的。不同的指纹，实际就代表不同的人。只要在自己的指头上涂以油墨或者印泥，按在白纸上就能印出清晰的指纹。因此，在犯罪现场寻找指纹是极其重要的侦破手段。

利用指纹技术侦破犯罪有时也会失误，一是罪犯格外狡猾，现场任何指纹也找不到，自然也就不可能利用指纹来破案。二是指纹破案没有严格的理论依据，而且指纹用于破案有失效的报道。可是，使用基因技术，利用现场采集的一滴血、一根头发或者一口唾液，使用 PCR 扩增技术并进行基因分析，然后与犯罪嫌疑人的基因分析对比，如果与现场的基因完全相同，那么犯罪嫌疑人就成了百分之百的凶手。这种方法在医学上叫 DNA 指纹图谱或基因指纹图谱。至于对强奸犯的侦破，利用精液获得基因指纹，在国外已经成为常用的侦破手段了。

这里的基因指纹与过去传统的指纹破案中的指纹是截然不同的两件事情。基因指纹利用的是基因检测方法，而传

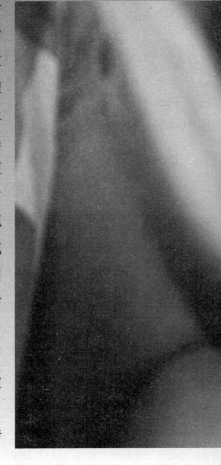

统的指纹利用的是对指纹物理放大对比的方法。有些人之所以觉得相似，大概是应用于相似的场合、采用的物证都来自蛛丝马迹、方法都很准确等许多相似之处形成的错觉。

　　基因指纹用于破案也引发了是否会侵犯无辜者的基因隐私问题的争论。很多人承认，应该制定严格的使用标准。只有满足了这一标准，才可以使用基因指纹方法。目前，基因指纹图谱技术已经比较成熟。实际上，最近社会媒体中经常报道的基因身份证的制作方法与基因指纹图谱方法是相同的。

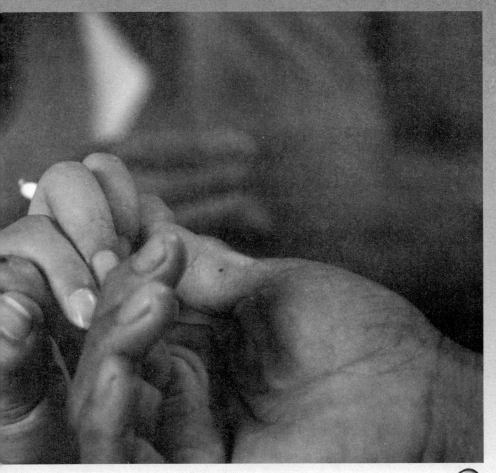

克隆史前猛犸象

猛犸象，也叫猛犸，因与现代大象类似，也称为猛犸象。猛犸象曾经是世界上最大的象。一头成熟的猛犸，身长可达5米，体重可达4～5吨，是生活在北方严寒气候的一种古哺乳动物。俄罗斯西伯利亚北部及北美的阿拉斯加半岛的冻土层中，都曾发现带有皮肉的完整个体，我国东北等地区也曾发现过猛犸的化石。自从发现比较完整的猛犸象尸体后，复活猛犸象的声音一直不绝。

而一则新闻再次点燃了人们这一热情：美国《时代》杂志评选出2008年十大科技发现，名列第八的是复活猛犸象成为可能！

媒体报道称：一团毛发成为国际社会关注的新闻，这样的时候并不多。但2008年11月，这样的新闻真的出现了。美国科学家通过一团猛犸象的毛发，成功破译出这个史前庞然大物80%的基因组。尽管这是一团毫无光泽的毛发，却使科学家在复活猛犸象的道路上又向前迈进了一步。科学家通过已在西伯利亚永久冻结带冷冻数千年的猛犸象尸体提取的毛发样本，整理出这种史前巨兽的DNA。基因代码让科学家对猛犸象的进化过程有了

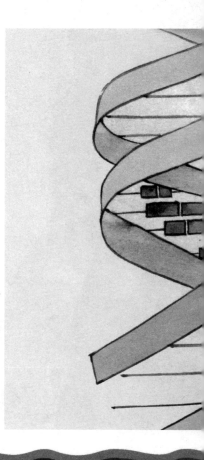

新的了解，同时表明它们远比之前想象的更接近于现代象。这项发现还可以使研究人员搞清楚大象的遗传构造，复活灭绝已久的猛犸象。

这还是科学吗？简直就是科幻大片《侏罗纪公园》剧情的再现！在这两具猛犸象尸体中，一具已在地下埋了2万年，另一具则至少埋了6万年。领导这项研究的宾夕法尼亚州立大学教授舒斯特说："从理论上讲，通过破译这个基因组，我们可以获取重要的信息，将来有一天，只要将独特的猛犸象DNA序列融入现代象的基因组中，这些信息或能帮助其他研究人员复活猛犸象。"

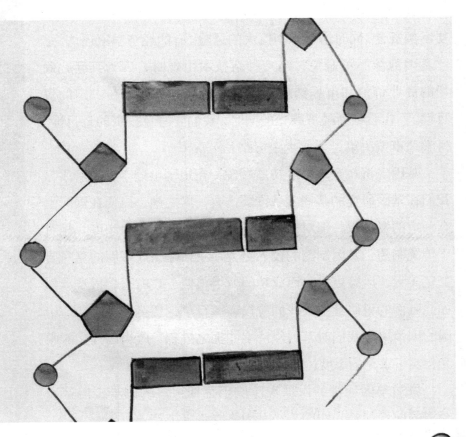

基因经济向我们走来

21 世纪是生命科学的世纪。生命科学会给社会进步、人类健康带来许多好处，更会创造出一大批新产业、新技术、新产品。

没有人怀疑基因技术所带来的巨大商业机会，新的诱惑正在向投资者招手，但任何投资决策的做出都是艰难的。一方面投资人会感受到基因技术巨大的前景，另一方面对可能的泡沫与风险感到惧怕。基因产品从研制、定型到生产，需要巨额资金，同时还要承担巨大的风险。有的经济学家还认为："基因泡沫不可避免，当一种新技术出现时，因为其新，确切的商业价值和市场结构还不为人所知，必然存在一定的盲目性。"在看到新经济曙光的同时，我们要避免投资的盲目性，科学地审慎决策，争取少走弯路。

基因经济在全球已经初露端倪，在中国也处于发展阶段，我们在基因研究的某些领域需要占有一席之地，以便在国际上有一定的发言权，但对开发基因产业还是应持审慎态度。相对于传统制药、基因制药的投入更大，一个哮喘病基因的克隆要上亿美元，风险更大，而成功的概率很低，政府财政很难承担如此巨额的科研经费。我们应当谨慎行事，切莫一哄而起。中国的国情决定我们对基因经济不能操之过急，应当以务实的眼光，实事求是的态度，一步一个脚印地开拓、发展。

虽然基因经济的发展现阶段仍存在很多的困难，但基因经济的前景却是光明的，小基因终将带来大产业。

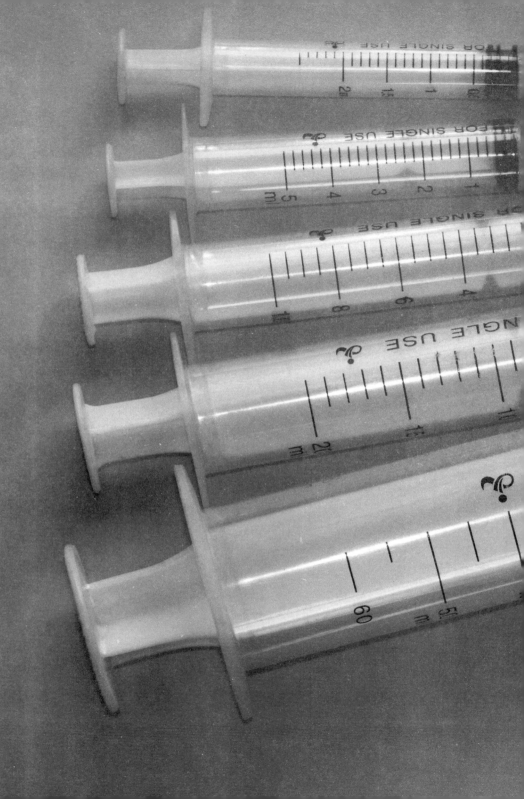

第五章
生物工程安全与社会伦理

在生物工程快速发展中，出现了各种各样的问题。比如人类胚胎干细胞与克隆人、转基因食品安全、基因污染环境、基因隐私和基因歧视、基因资源流失等问题，这些生物工程安全与社会伦理问题解决不好，基因的发展将带来巨大的负面冲击。

转基因抗虫棉的安全性

抗虫棉是一种含有 Bt 基因的棉花，又称 Bt 棉。我国抗虫棉种植已经产业化，棉田面积的一半以上是抗虫棉，且主要是中国自主知识产权的品种，其中黄河流域棉区棉田面积的 80% 为转基因抗虫棉。抗虫棉的推广应用有效地控制了棉铃虫的爆发为害。

转基因作物的安全性评估，主要包括环境或生态安全性以及食品和饲料安全性两个方面。抗虫棉的大面积生产应用，是否会对环境和人类健康产生潜在风险是公众共同关心的问题。国家 863 抗虫棉的研制与开发主持单位——创世纪公司组织国内专家以试验数据为依据进行了专题讨论。主要结论为：

抗虫棉的环境安全性：Bt（苏云金芽孢杆菌）作为一种生物杀虫剂，已在作物生产中安全地使用了 30 多年，证明对人畜无害。抗虫棉中所用的杀虫基因编码的杀虫蛋白可选择性地毒杀鳞翅目昆虫。

（1）基因漂流：100 米以上无花粉漂流引起的异交。我国不是棉花的起源地，自然界无相关的野生种或可杂交的相关杂草，基因漂流不是一个值得关注的安全性问题。

（2）对非靶生物及生物多样性的影响：由于少用农药，抗虫棉田中生物多样性明显增加，显示出良好的生态效益。但同时有些非靶生物的次要害虫上升为主要害虫，应注意适当防治。

（3）棉铃虫的抗性治理：五大棉区 23 个点采样表明，棉铃虫种群尚未对 Bt 杀虫蛋白产生抗性。模型预测至少 10 年内抗虫棉可有效控制棉铃虫的危害。由于我国目前研制的 Bt 棉及 Bt 玉米使用同一个 Bt 基因，建议不在同一地区同时推广 Bt 棉及 Bt 玉米，以延缓害虫对 Bt 耐性的发展速度。

Bt 棉籽粉、棉籽油的安全性：用饲料、食品或食品成分，对哺乳动物小鼠进行试验，结果证明安全无害。

在谈到"用抗虫棉的棉饼饲喂猪、鱼，人再食用猪肉和鱼后，Bt 基因会不会转入人体？"这样的问题时，专家解释说，试想人类食用猪肉和鱼几千年，是否出现过因基因转移而使人具有猪、鱼的性状？

按目前的科学知识，抗虫棉的应用，除需要对靶标昆虫的 Bt 抗性作长期跟踪外，环境及食品饲料方面应当是安全的。

基因污染
——环保新概念

转基因产品已经走进我们的生活，消费者的知情权和健康权也渐渐受到重视。与此同时，专家也提醒说，转基因生物对环境的影响，需要社会各界更多的关注。

美国由于管理和控制不力，在 2000 年收获的玉米中检测出了 10% 的"星联"转基因玉米污染，有关公司为此支付了 10 多亿美元的相关费用；加拿大由于转基因油菜的种植，产生了同时对 3 种以上除草剂具有抗性的超级杂草，2002 年初，当地向美国两家有关公司提出了控告；作为玉米发源地的墨西哥，发现当地的野生玉米受到了转基因玉米的污染，在当地和政府中引起了很大的轰动；美国得克萨斯州一绿色玉米的农场，所生产的玉米因发现含有 Bt 玉米的转基因，迫使这家农场将这批"无公害"玉米全部销毁。这些事件表明，基因污染正在向我们走来，基因污染的威胁不容忽视，基因污染已经成为环保概念的新名词。

中国的大豆与墨西哥的玉米具有很多相似之处：墨西哥是玉米的起源地和品种多样性集中地，中国则是大豆的起源地和品种多样性集中地，有 6000 多份野生大豆品种，占全球的 90% 以上；墨西哥的玉米约有 1/4 是从美国进口的，而中国每年进口大豆都超过几千万吨。虽然中国目前没有批准转基因大豆的商业化生产，但是，从运输到加工的过程中，也可能会有一部分转基因大豆遗落到野外或者被农民私自种植。尽管大豆是自花授粉作物，其发生污染的概率会低于异花授粉的玉米，但这并不意味着不能被污染。联合国《生物多样性公约》中国首席科学家薛达元指出，如果种植转基因大豆，野生大豆一旦受到污染，中国大豆的遗传多样性就可能丧失。

应该说，目前已实现商业化的转基因作物，在审批时都认真考虑过它们对环境的安全性。但是，由于对转基因生物安全性本身研究相对缺乏，更缺乏长期的数据，转基因生物的环境安全性评价依然缺少大量有说服力的科学证据。

就作物看，基因污染可能发生的情况有：附近生长的野生相关植物被转基因作物授粉；邻近农田的非转基因作物被转基因作物授粉；转基因作物在自然条件下存活并发育成为野生的、杂草化的转基因植物；土壤微生物或动物吸收转基因作物后获得外源基因。

基因库在保护珍稀
动植物中的意义

  基因库也叫基因银行，是一种将动植物或微生物等
个体含有基因遗传信息的物质保存起来，并可提供研究的
机构或场所。从保存遗传信息资源的角度来说，动物园、
植物园和水族馆等都可视为广义基因库。专业的基因库则
应具备相应的遗传信息储藏设备和保存、研究条件。

  据报道，四川成都大熊猫繁殖基地自 1980 年在世界上首次运用冷冻精子繁殖大熊猫成功后，便开始考虑建立一个专门的以大熊猫为主的濒危动物基因资源库。2001年12月，中美联合在繁殖基地建立了大熊猫基因库。目前，该基地已经拥有了世界上数量最大、质量最好的大熊猫精子库，并储存了包括华南虎、小熊猫、金丝猴等濒危动物的生物基因资料，以大熊猫为主的濒危动物基因资源库粗具规模。

据统计，我国共有600多种国家级珍稀濒危动植物，这其中有许多生物都有濒临灭绝的危险。建立完整的国家濒危野生动植物基因资源库，对保护和挽救处于灭绝边缘的国家一、二级濒危野生动植物具有非常重要的意义。

由于地理环境的原因，云南素有天然植物王国之称，其中西双版纳被称为天然植物园。这是我们非常重要的天然生物基因资源库，其中不乏众多珍稀动植物品种。

在重庆，一项旨在保存三峡库区珍稀濒危植物的计划——新重庆植物园"珍稀濒危植物培植展示区"已在规划建设中，这将是一个新的植物基因库。

有了大量丰富珍稀动植物物种的基因库，我们就会在物种保护、数量控制、品种特性改良等很多方面具有了绝对的资源优势。以国宝大熊猫为例，在有了基因库后，就可以通过人工授精、动物克隆等技术在数量上进行繁殖控制。可以对大熊猫基因进行分析，找出影响大熊猫退化的原因，并进行基因改良。

基因资源库是重要的资源，建立基因资源库特别是珍稀动植物基因资源库意义重大。

保护基因资源
刻不容缓

基因研究需要大量的基因样本。根据联合国《人类基因组宣言》，每个人对于自己的基因拥有无可争辩的所有权。研究人员在收集基因样本时，必须获得其所有者的同意。我国 1998 年也制定了《人类遗传资源管理暂行条例》，规定了国内基因资源的获取、出口等方面的申报和监控程序。

然而，一项研究所需的基因样本成千上万，每个样本都要征得同意，相当不易。况且，有研究价值的样本人群大多分布在偏远农村，要让这些农民"知情同意"也非易事。在此情况下，一些研究者借用"体检""医疗调查"等名目取得基因资源的事例屡见不鲜。

中国是个多民族的国家，很多居民长久地居住在固定的区域，众多人口还保持着稳定的家族谱系，这是人类基因研究中最有价值的资源。中国地大物博，各类动植物基因资源丰富。也正是这种宝贵的资源，吸引了大量国际研究机构和基因公司涉足中国。

近年来，中国科学家参与的国际合作项目在逐年增加，这本身是好事情。但是应该务必注意的是，中国丰富的各种基因资源始终是某些合作者眼中的大餐。当然，在合作的同时，时刻注意保护我们宝贵的基因资源非常重要。

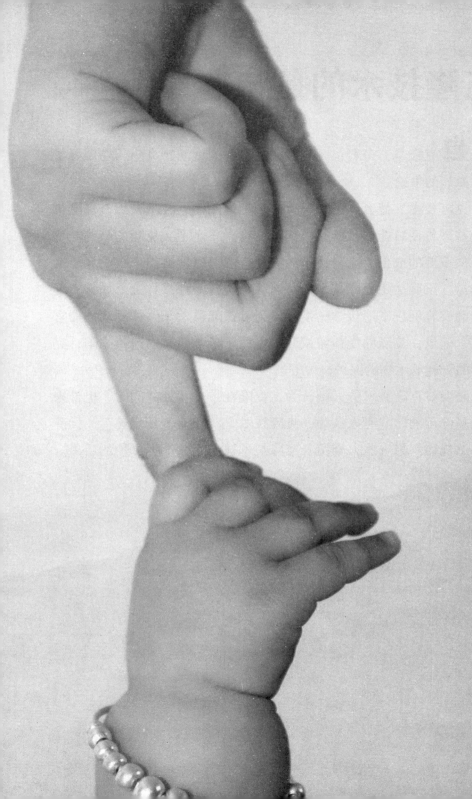

克隆技术的是与非

自克隆羊"多莉"诞生后，世界各国就动物克隆问题展开了日益激烈的争论。

克隆技术支持者认为，只要谨慎地运用这一技术，那么克隆带来的益处将使可能出现的社会问题变得微不足道。克隆的最终产物不是最重要的成果，克隆技术的应用应该可以促进整个科学和生活的质量。正确运用克隆技术，可以为人类带来许多好处。如：克隆实验的实施促进了遗传学的发展，为制造能移植于人体的动物器官开辟了前景；克隆的受精卵或胚胎可用于检测胎儿的遗传缺陷；克隆有助于濒危生物的保护，等等。

而反对克隆技术的人则认为，克隆在带来益处的同时，也带来了许多伦理问题。有人认为，克隆技术是"和上帝开玩笑"，扰乱了自然规律。另一些人则担心克隆技术被滥用，产生可怕的后果。

一些争论有：克隆将减少遗传变异，克隆产生的个体具有同样的遗传基因，也具有同样的疾病敏感性，一种疾病就可以毁灭整个由克隆产生的群体。如果一个国家的牛群都是同一个克隆产物，一种并不严重的病毒就可能毁灭全国的畜牧业；克隆技术干扰了自然进化的优胜劣汰原则。克隆技术投入大，失败率高，多莉就是277次实验唯一成功的成果。而目前克隆成功率也只能达到2%～3%。克隆技术在人类中有效运用将使男性失去遗传上的意义。转基因克隆动物提高了疾病传染的风险。克隆和转基因技术的结合可对后代遗传性状进行人工控制。通过更改胚胎的遗传基因，可以改变个体的特性，这是很多伦理学家所不能接受的。来源于成年动物体细胞的克隆可能带入已经老化的基因，等等。

　　克隆技术的是非争论还在继续，但我们应该有充分的理由相信，很多问题是属于发展中遇到的必然问题，也必然会随着克隆技术的发展而得到逐步的解决。如果理智地处理好利弊关系，克隆技术的明天会是一片光明的蓝天。

克隆人问题思索

2009年3月媒体报道，意大利知名妇科医生安蒂诺里说，他已"制造"出3名"克隆人"。如今这3名"克隆人"已有9岁，生活在东欧。安蒂诺里说，自己使用的技术是对1996年克隆羊多莉技术的"改进版"。他说，"鉴于这些家庭的隐私，我无法透露更多。"当记者提及意大利禁止这类克隆时，安蒂诺里说，他宁愿称之为"革新疗法"或"基因再重组"，而不使用"克隆"这样的字眼。我们无法核实事实，但从技术上看，可能性是没有问题的。

在克隆问题上，"克隆人"问题已经成为各国关注的核心问题。因为无论从理论还是实践上，"克隆人"已经不存在太多障碍了。

而且 2003 年初，网上已有几个克隆人诞生的报道。那么，"克隆人"真的会出现吗？我们该持怎样的观点对待"克隆人"？

尽管各国纷纷颁布各种禁止克隆人的法律，一些探索者并没有停下脚步。2001 年 8 月，英国《独立报》对 32 位科学家进行了调查，超过半数以上的科学家认为，如果技术和安全困难能够全部克服，那么 20 年之内将研制出克隆人。美国、意大利等一些激进分子甚至宣称正在进行的克隆人计划已经成功。

如果说克隆人是完全违背伦理的，那么痛失爱女的父母希望通过克隆与女儿重逢的要求又是否过分呢？如果克隆人不可以，那么用于研究的克隆人胚胎行吗？尽管韩国黄禹锡等宣称克隆成功了人体胚胎后来被确认为造假事件，但并不代表没有其他人在进行类似的实验，在这之前英国人据说已经先走了一步。那么人体器官克隆移植又怎样呢？从医学角度说，人体器官克隆肯定比利用动物（比如呼声高的猪）器官要安全、有效得多。但这可以吗？

每一个生命都是独特的，就像世界上没有完全相同的两片树叶一样，也没有两个完全相同基因的人。克隆人导致人类基因的单一性、多样性的丧失，对人类自身的生存和发展是不利的。克隆出的人在伦理上也有困惑，比如"克隆人"与被克隆的人该是什么关系？社会该如何对待他们？克隆人到底意义有多大？

我们反对克隆人，但是"克隆人"真的离我们很远吗？如果真有几十个克隆的"希特勒""拉登"来到我们的世界上又会怎样？

热爱生命、尊重生命，整个社会反对克隆人是绝对正确的。可是能仅仅停留在法律限制、伦理道德规范上吗？对公众、政府和科学家来说，应该对真的出现克隆人后的对策方面想得更远些。

基因是一把双刃剑

科学上任何重大的发明发现都有二重性，基因科学的研究和突破也不例外。

爱因斯坦提出"质能方程式"时不会想到，根据他的理论发明的原子弹最先带来的是战争中无数生命的毁灭。虽然当今社会仍存在核泄漏等灾难性事故，但同时我们更应看到，原子核能已经在我们日常生活中扮演了非常重要的角色。如核发电站、医用 CT 扫描仪和核磁共振仪等的应用。

基因技术可以使我们更清楚地了解我们自身和生命的本质；基因疗法的应用使过去不可治愈的遗传疾病治疗成为可能；转基因作物提高了作物抗病虫害的能力；基因克隆使濒危生物物种保护成为可能……没有基因技术，这些几乎都是不可能的。

另一方面，利用基因技术，我们可以制造威力更大的生物武器；我们能让怪物在实验室诞生；重组的基因逃逸到自然界会带来某些生物的灭顶之灾；转基因没节制地转来转去，最终将带给我们怎样的

一个世界？……基因技术打开的可能是一个潘多拉魔盒。

任何事物都有两方面：利大，潜在的弊就大。比如，通过基因克隆技术进行大规模高产优质奶牛的培养，可极大地改善人们的生活质量。可是牛奶中万一由于转基因而导入了致命病毒基因怎么办？全球就那么几种高产优质的奶牛好吗？要知道万一有一点小小的致命病毒就可能使全球畜牧业倒退几十年。

在基因技术不断带给人类伟大贡献的时候，我们应该时刻注意可能的、潜在的巨大威胁。基因技术发展一日千里，让我们时刻记住一位科学家的警告：人类要享受科技奔驰的快感，先要找到随时踩刹车的机制。否则伴随你的将是车仰人翻、血淋淋的恐怖画面！

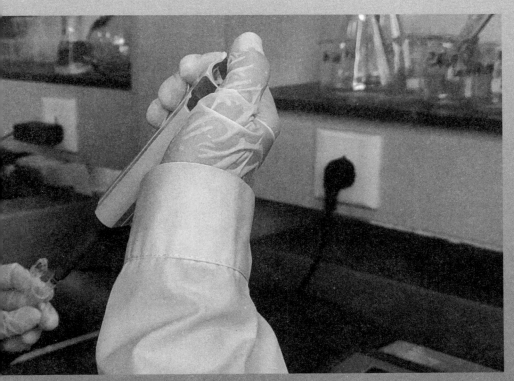